車両を造るという仕事

元営団車両部長が語る地下鉄発達史

里田　啓
Satoda Kei

交通新聞社新書 066

車両を造るという仕事――目次

本書に掲載の写真は、特記以外すべて筆者撮影または所蔵のものです。

はじめに

　本書は、幼年期に鉄道に興味を抱きはじめた小生が、帝都高速度交通営団という厳めしい名前の通称「営団地下鉄」に職を得て、平凡なサラリーマン生活を過ごした思い出を綴った一種の自分史で、電気車研究会から出版されている『鉄道ピクトリアル』誌に、２００７（平成19）年１月から２００９（平成21）年６月までの2年半にわたって「私の鉄道人生75年史」と題し、営団とそれに続く勤務での仕事のほか、もう一つの趣味である音楽関連の話や家庭生活などにも触れながら、失敗談を交えて連載した記事を、営団時代に的を絞ってまとめ直したものです。

　まとめ直すにあたって、基本的には連載当時のままですが、最初に執筆して提出した大本の原稿と連載誌面とを突き合わせて加除したり、一部に改定を加えたうえで、再構成を図ってあります。したがって、記述の内容そのものは連載当時のままです。なお、本書の「終章」では、営団退職以降について、今回、稿を改めてごく簡単にご紹介しました。そのため、終章における記述内容は２０１４（平成26）年現在のものです。

また、仕事の性格上、何カ所かに専門的な内容も記してありますが、本書は技術的な解説書ではありませんので、詳しい説明は省かせていただきました。疑問の点は、それに相当する他の解説書やインターネットなどをご参照くだされば幸いです。

さて、われわれくらいの年配の男性なら誰でも、一度は電車の運転士になりたいという願望にとりつかれたのではないでしょうか。大学では機械工学を専攻し、定年に至るまでの33年間、主として新造車両の開発と設計に、鉄道事業者の立場で参画しました。

お断りしておきたいのは、このようなお話は、えてして老人の自慢話に陥りがちだということです。しかし、新聞記事やテレビなどの健康番組によると、それが「後期高齢者」の長寿の秘訣の一つなのだそうです。小生もまだやりたいことがたくさん残っておりますので、もう少し長生きができますよう、ご協力を賜れば誠に幸いに存じます。

84歳の誕生日を3カ月後に控えた春

東京都杉並区阿佐谷の寓居で　里田　啓

序章　鉄道少年だった頃

広島から水戸そして東京へ

小生がこの世に生を受けたのは１９３０（昭和５）年、広島市だった。陸軍工兵の職業軍人で、無線電信が専門だった父の任地という単純な理由だ。両親とも鳥取県の出身、父が境町（現・境港市）で医者の六男坊、母は鳥取市で、祖父も軍人、７人兄弟姉妹の長女だった。少子化が叫ばれている今日からみれば優等生で、隔世の感がある。小生は兄弟姉妹がいない。残念ながら少子化の最たる一人息子というわけだ。

広島では、たびたび厳島《いつくしま》に遊びに行ったらしい。広島電鉄の宮島線を利用したことは確かだ。後に６歳で東京に出て来た時、広電の電停名について両親と口論の結果、新築の家の壁に「こい（己斐＝現・西広島）ではないよ」と墨汁で落書きして、ひどく怒られた記憶があるからだ。また、この頃、おもちゃの電車に目覚め、よく遊んだものだと聞いた。1934(昭和9)年、4歳の時に、父の転任に伴って、広島から水戸への初めての長旅をしたらしい。

水戸では幼稚園に通っていたが、家でのおもちゃはもっぱらゼンマイ仕掛けの電車と、叩けば音が出るピアノ。本物のピアノが欲しかったのだが、とても買ってもらえるような家庭ではなかった。文字を覚えるブロックや、蒲鉾の板も縦に並べれば列車のつもりだ。どなたもご経験がおありになることだろう。

またその一方で、偕楽園近くを流れる小川で、笹ぼうきや捕獲網を携えて蛍狩りを楽しんだことも思い出される。しかし、この頃から、本物の鉄道に対する記憶が、淡い光の彼方にうっすらと甦ってくる。常磐線の線路際で断崖になっている偕楽園に、何度も汽車を見下ろしに行ったり、水戸駅のホームに進入して来る蒸気機関車の熱気と動輪の大きさに驚いたり。また、阿字ヶ浦《あじがうら》に海水浴に行く時には、現在の茨城交通の小さな蒸気機関車が何両かの客車を引いて、勝田から水戸駅まで乗り入れてきたのを利用したものだ。地方中小私鉄の国鉄への直通運転の歴史は古いと言えるのだろうか。ただ、水戸の駅前大通りを北西の郊外と南のほうに市電(茨城交通水浜《すいひん》線)が走っていたことは覚えているが、乗った記憶がない。狭い町だったからか歩いて用が足りたのかもしれない。

1936（昭和11）年、6歳の時、父が水戸の工兵第14連隊長で退役、現在地に引っ越した。下見のために初めて中央線の電車に乗った時、急行（現・快速）だったので、母が隣の乗客に「阿佐ケ谷《あさがや》には停まりますか」と尋ねたほどのお上りさん。でもすぐに慣れた。

阿佐ケ谷駅はまだ地平で、短い下りホームの新宿寄りの端に改札口と事務所があったが、跨線橋を渡った上りホーム側はちょうど中央辺りに改札口があって、自宅との間はとても近かった。広告流の表現で言えば「徒歩3分！」というところ。現在は改札口の位置が変わったため4分になった。

自宅は和室ばかりの平屋。庭の半分は、父の趣味で畑になっていた。このお陰で、戦中・戦後の食料の一部を母と小生の手で賄うことができたのである。

当時の中央線はモハ10形電車を中心とした3～6両編成くらいの木造車がギシギシ音を立てながら幅をきかせていた。母のお供で、淀橋《よどばし》にあった伯父の家を訪ねたり、新宿のデパートに買物に行ったりしたから、その様子は今でも瞼に焼き付いている。

小学校時代の長距離旅行

1937（昭和12）年には、晴れて小学1年生。歩いて2～3分の杉並第一尋常高等小学校だったので、残念ながら電車通学には無縁だった。

しかし、その夏休みに、母と従兄の3人で兵庫県芦屋《あしや》の叔母の家を訪ねたことは明瞭に覚えている。定期列車の特急「燕」の10分前を走る1等展望車のない2・3等編成で、東京8時50分発の大阪行き特急「不定期燕」だった。座席が前向きの二人掛けで目の前がデッキの壁。機関車に近かったから、2両目だったに違いない。今思えばスハ33系客車だったのだろうか。この当時、全国広しといえども、特急と名が付く列車は東海道・山陽本線の「富士」「櫻」「燕」「鷗」の4本しかなかったのだから、それらは憧れの的だった。

叔母の家の2階からは阪急電鉄が見えて窓にしがみつく。「電車が好きだ」ということを聞いていた叔父が阪神電鉄にも乗りに連れて行ってくれた。どちらも下り勾配でさえノッチを入れっぱなしなので、速度が上昇して怖かった記憶がある。

その年に日支事変（日中戦争）が勃発した。しかしその後当分の間、国内は平穏だったので、小学生の後半で次のような長距離旅行を味わった。

（1）阿蘇国立公園

父の出張にくっついて阿蘇山見物に出かけたことがある。東京13時30分発、特急「桜」の寝台車で下関へ。寝台車は東京駅ホームの階段を上がってすぐの機関車近くに連結されていた。マロネ37形の一種だったのだろう。長手方向に寝台が並んでいた。当時、客車の形式は5桁の数字で示されていたらしいが、その辺りになると、すぐには頭に浮かんでこない。

関門連絡船で門司へ。貨車航送のためか、やけに平たい船で甲板が水面すれすれ。すぐに沈むんじゃないかと心配した記憶がある。その頃から心配性だ。その後、多分、門司発9時頃の鹿児島行きの急行で熊本にお昼すぎに着く。ここで父の出張用件を済ませ、夕刻、豊肥《ほうひ》本線の普通列車で立野《たての》へ。初めてスイッチ・バックに遭遇し、列車がいきなり後進しはじめたのにはびっくりした。父の説明で「ふーん」と納得する。

その日は南阿蘇の栃木《とちのき》温泉に1泊、翌日は坊中《ぼうちゅう》（現・阿蘇）から、当時は当たり前だったボンネット・バスで阿蘇山上へ。まだ阿蘇ロープウェイはなかったので、噴煙除けにタオルで顔を覆い、草千里《くさせんり》の末端付近から徒歩で火口へ。その深さと色、噴火対策のコンクリート製避難小屋が目に焼き付いた。

帰途、大阪・上本町《うえほんまち》六丁目から大阪電気軌道と参宮急行電鉄の直通急行（まだ特急はなかった）で伊勢神宮詣でに行った。残念ながら目的の伊勢神宮は全く記憶にない。その帰りは参急中川から関西急行電鉄で名古屋へ。いずれも見た目は大形で鈍重な電車だったが、それに反して軽やかな速さと、ふかふかのクロス・シート。急行券不要の電車の「おしぼりサービス」に感激したことを覚えている。

（2）十和田国立公園

往きの仙台までは記憶にないが、松島見物の後、仙台から古間木《ふるまき》（現・三沢）まで普通列車の寝台を利用したことは確かだ。転換クロス・シートの部屋を通り、1枚の引戸を開けたら狭い寝台室になっていたから、マロネロ37形だったに違いない。

奥入瀬《おいらせ》渓流や十和田湖も印象に残ったが、湖畔で「あそこは高級だぞ」と指差されたのは、鉄道省直営の「十和田観光ホテル」。後年、JTBの手に移ってから奥方と宿泊したが、赤い屋根で天井の高い木造3階建て、内外とも立派な造りの建物だった。青森からは省営バスが走っていたから、この国立公園には鉄道省が力を入れていたのだろう。

(3) 京城(現・ソウル)

もう一つの長距離旅行は、母と一緒に祖母を京城の叔父宅まで送っていった時だ。まず東京23時発の各等急行で下関へ。幅の広い窓で背ずりの厚い座席車だったから、オロ40形かその系統だったのだろう。丸一日かかって翌日夜、下関21時5分着。関釜連絡船は7000トンクラスの「興安丸」だったが、灰色の戦時色に塗装されていたこと、玄界灘で揺れたこと、蚕棚のような寝台で、なかなか寝つけなかったことだけしか記憶がない。

釜山からは7時20分発の北京行き急行「大陸」。最後尾のガラス張りの展望車を外側から見物した。広軌(標準軌間)の車両が見上げるほど大きいのにまずびっくり。走り出すと、緑がほとんどない茶色の山ばかりなのにまた驚く。こうして京城15時48分着の長旅の往路は終わった。近年は植林が進み、沿線が緑に変わっていたと記憶する。

京城での見物は覚えていないが、朝鮮神宮（当時）の境内でふざけて遊んでいた現地の子供を、日本人らしい警官がいきなり殴りつけたのを見た。「ああいうことをしちゃ、まずいねえ」と言った母の言葉が今でも印象に残っている。

帰途は、京城から特急「あかつき」で釜山へ。後は往路と同じ列車のマロネ37で東京だ。瀬戸内海の海岸を走った時、車掌が海側のカーテンを閉めに回ってきたので、わずかの間に戦時色が急速に進んだのだと思った。日本国中いたるところ、大砲を備えた要塞地帯があって、海岸の見晴らしのよい場所は写真撮影が禁止されていた時代だ。

最初にこの旅行の話が出た時、「行きたい！」と父に猛烈な勢いでせがみ、祖母も口添えしてくれた。自分で「時刻表」（当時は「時間表」とか「旅行案内」と呼んでいた）を繰って計画したのが懐かしい。

そんなある年の夏休み、軽井沢の西、沓掛《くつかけ》（現・中軽井沢）の北にある「星野温泉旅館」に、母と1カ月ほど逗留したことがあった。時刻表を持参したことはもちろんである。隣の部屋にやはり避暑に来ていた一家の中学生のお兄さんと仲よくなり、よく一緒に自転車を乗り回したりして遊んだのだが、「東海道線、山陽線の特急や急行の停車駅を空で言えるよ」と自慢したら、「そんなことができても、ちっとも偉くないよ」と一蹴された。「もっとちゃんとした勉強をしなさい」と。残念だったが、子供心に「それも一理あるな」と思った記憶がある。

余談だが、山坂のある道路を走った時、下り勾配で速度を出しすぎてブレーキがきかなくなり、危うく橋の欄干に激突するところだった。摩擦係数が速度に反比例して低下することを実感した一コマだった。頭の中が真っ白になって一瞬、記憶を失ったほどだ。もしぶつかっていたら、この原稿を書かずに済んでいたかもしれない。

将来は鉄道関係の仕事をしたい

小学校5年生くらいの頃だっただろうか。漠然とではあったが、大人になったら鉄道の仕事をしたいと思いはじめた。そのことを両親や友人たちにも話した記憶がある。好きなことをやりたいという子供の精神状態のまま成人した極めて単細胞の人間だったと、今になってつくづく感じている。

ところで、卒業して散りぢりになった友達の大方は公務員や会社員になっていたが、仲のよかった友人に変わり種の有名人がいる。一人は喜劇俳優としてその名を全国に轟かした三波伸介こと澤登三郎君、もう一人は日本を代表するジャズのビッグ・バンド原信夫とシャープス・アンド・フラッツに所属していた指導的な名トランペッター・森川周三君だ。彼等の家は小生宅を通りすぎた少し奥のほうで、向かい合わせだった。下校時にはよく一緒に帰ったものだ。

二人とも進む道が異なったので卒業後は音信不通だったが、澤登君とは、1975(昭和50)年、

小学校100年祭での再会。写真下が三波伸介こと澤登三郎さん、その斜め後ろが筆者

小学校１００年祭で何十年かぶりに会った。「そうか、やっぱり鉄道屋になったか。君は好きだったからなあ」と言われ、その記憶のよさに仰天したことだった。惜しくも早世してしまった。森川君は忙しいという理由で10年ほど前に発足した同期会にも出席せず、顔を合わさないまま、２００６（平成18）年に亡くなった。残念なことである。

渋谷に「ロゴスキー」というロシア料理の老舗がある。長屋晃君は、お父さんが満州駐在の軍人だったが、お母さんがロシア料理を覚えてきて下の子供（弟）と一緒に開店した店だ。後に次第に繁盛しはじめたため、小生と同級で兄の晃君は一流会社を中途退社して手伝うようになった。彼も鉄道が好きで、ロシアに料理の調査で出張した時に利用した地下鉄や列車の事をよく話してくれていた。残念ながら小学校の同期会は満80歳で打ち止めとなった。

ちょうどその頃、営団地下鉄で、役職柄、外部の方々を懇親の場にお招きする機会が多くなってきた時期だった。当時はロシア料理がまだ珍しく、世間のレストランよりも手頃な価格で食事やワインが楽しめたので、特に他社との相互直通運転の打合せや、営団車両部主催の委員会などの終了後の会食によく利用し、お客様に喜ばれたものだ。安くておいしい店を探すのがモットーだったから。高ければおいしいのが当たり前だ。

また、この小学校の同期会で、これも何十年ぶりに東京都の厚生局長（前・都市計画課長）だった関岡武次君に会った。小生は当時すでに営団を退職してＬＲＴ（ライト・レール・トランジット＝次世代型路面電車システム）の仕事に追い回されていたので、都の都市交通関係の方々を紹介してもらい、いろいろなご意見やいきさつ話を伺う機会が得られたのは幸いだった。

中学校への進学

１９４１（昭和16）年12月８日、ハワイ・真珠湾米海軍基地への奇襲攻撃によって、わが国はアメリカ合衆国と交戦状態に突入した。戦争というものが、小生たちの日常生活と趣味生活に、実に大きな悲劇と悪影響を及ぼしたことは否めない。当初は日本に有利に展開したように見えたけれども、予想されていたとおり、基礎技術力と軍事作戦力の雲泥の差は如何ともしがたかった。「物量作戦に負けた」と言われていたが、それだけではなく、独創性と当時の品質管理に負けたのだろう。

軍隊を退役してから会社勤めをして平穏な生活を楽しんでいた父にも、59歳の時、召集令状（赤紙）が舞い込んだ。戦局が日本に不利に傾きはじめた１９４２（昭和17）年夏頃だったと思う。ちょうど中学受験の直前だった。部隊を組成するために岡山へ。当初、戦地への行き先は秘密だということで知らされなかったが、後に、ニューギニアで野戦道路隊長を務めるという手紙が来たのを覚えている。つまり、歩兵や戦車部隊のために、先へ先へと切り開き、道路を造っていく作業の担当だ。さぞ心残りのことだったろうと推察する。

翌年春、府立十中（現・東京都立西高等学校）に入学。さっそく父に報告の手紙を認めたことは言うまでもない。こうして中学生活が始まった。

初めての中学だから緊張し、手探りでの勉強だ。十中は自由の空気がみなぎっていたから、友達は仲よく、とても楽しい日々だった。2年生の初めまでは密度の濃い授業が受けられた。しかし、出征した若者の人的資源を補充するため、その頃から勤労動員が始まった。戦争はわれわれを勉強どころではない状態に追い込んでいったのである。

最初の頃はまだ平穏だったから、普通の学校生活だった。学校までは自転車で13分の距離である。中央線荻窪の踏切で待つ間に通過する電車や客車列車、貨物列車を眺めて楽しんだ。当時、同駅では側線のホームで貨物扱いをしていたので、貨車の切り離しや連結、それに伴う入換えの様子も思い出だ。機関車は、旅客がＥＤ16形、貨物がＥＤ15、17、18形電気機関車だったと記憶している。雨の日は電車通学。当時、浅川（現・高尾）寄りの先頭に半流線形でセミ・クロスシートのモハ51形が連結されていたので、それに乗るのが楽しみだった。

その頃は中学校に中尉くらいの将校が一人か二人配属されていた。教練と称して軍隊の真似事を教えられたような気がする。「貴様の親父は軍人だろう。お前はどうして幼年学校（職業軍人になるための学校）を受けんのか」とこっぴどく怒られた。「はい、はい」と生返事をして、結局そのままに。軍人になりたいと思ったことはなかったから。父が「この子は軍人には向いていない。鉄道でも何でも、好きな道に進ませてやりなさい」と言い残して出征していったと、後年、母から聞かされた。

中学校では英語の授業もあった。これがなかなかの難物で、特に文法が苦手もいいところ。それでも母から、「もし日本が戦争に勝ったとしても、英語は要るよ。しっかり勉強しておきなさいよ」と言われて猛勉強。しかしあまり上達はしなかった。やはり会話から入るべきだと感じている。

初めての農家への勤労動員で、青梅線中神駅近くの同じお宅に配属された別のクラスの友人も電車が好きだったので、その後よく一緒にスカ線（横須賀線）に乗りに行った。モハ32、モハ43、モハユニ44、クハ47・サハ48、クハニ67形……など、誠に懐かしい。

この細谷克己君は、当時から純文学やクラシック音楽の真髄にも迫っていて、音楽の面で深い影響を受けた。小生はその後も純文学はさっぱりで、小学生時代は、山中峯太郎（父の士官学校の同期生）の軍事冒険小説や、南洋一郎の南太平洋の島々を背景にした冒険小説に夢中。中学生になったこの当時は、『八十日間世界一周』で有名なフランスの科学冒険小説家ジュール・ヴェルヌに凝って、海野十三翻案の『海底旅行（海底2万マイル）』や、翻訳物の『神秘島物語（神秘の島)』などを繰り返し読んでいた。今でも純文学にはご縁がない。

それと同時に、小学校の時から綴り方（作文）と歴史が不得意で大嫌いだった。後年、雑誌や機関誌、学会誌などに寄稿するようになったのは何とも不思議なことだ。現在でもすらすらとは書けない。試行錯誤を繰り返し、何度も読み直して手を入れないと全く文章になっていないことは、子供の頃と変わりない。

その代わり、鉄道趣味は昨今以上だったのかもしれない。メモ用紙を小形のガリ版（謄写版）で作って、通学時、電車の妻面に標示してある形式・定員・自重などを書き取っていた。友人から「お前、スパイ容疑をかけられるぞ！」と脅かされる、そんな時代だった。

日常の食料が入手難になったため、つてを求めて農家に行き、お米や野菜を分けてもらうことが多くなった。お金で買うのではなく、品薄になっていた衣服・布団などとの物々交換が普通だった。小生宅では、前述の中神の農家や、偶然コネができた小田急電鉄の伊勢原から徒歩で30分ほどの農家に、往復とも肩に食い込むほど重いリュックを担いで、足繁く通ったものだ。

小田急に乗ると、風がビュンビュンと入るいっぱいに開いた落とし窓から、直線区間では速度感を、曲線部では前方の風景や編成美を楽しんだ。しかし、そんな時でも、今後、戦争はどうなっていくのだろうか、物々交換の材料がなくなったらどうやって生きていくのだろうかという不安が、いつも頭の片隅にあったのである。

勤労動員と空襲

2年生の半ばからだったと記憶するが、吉祥寺《きちじょうじ》の南方にあった日本無線で、真空管の部品を造る仕事をすることになった。ガラス管をガス・バーナーであぶり、引き延ばして細い管にする。ヤスリの角で短く切断後、その中に銅線を差し込んで再びバーナーで熱し、被覆する作業だ。それが「お国のため」とあって、みんな一生懸命働いた。

1944（昭和19）年になると、この工場は何度か、空母艦載機の攻撃を受けた。避難命令が出ると、近くの神社の境内に向かって一目散に走る。しかし、必ず途中で米軍機がわれわれを発見し、急旋回して接近！ 道路脇の溝に飛び込んで身体を伏せる。途端に機首の機関銃が火を噴き、狙い撃ちだ。発射の黄色い煙や、にやっと笑う操縦士の顔が見え、生きた心地がしなかった。

ふと聞いていたラジオのニュースで、父の戦病死の報が流れた。母は「せめて戦死なら」と落胆する。職業軍人は、戦争になれば生命を賭けて国を守るのが商売だから、軍人の家族にはいつもその覚悟が必要なのだと思い知らされた。

東京では、1942（昭和17）年、B25という双発爆撃機の飛来が最初の空襲だったように記憶する。しかし、その頃は空襲警報の発令が後追いするほど、のんびりとしており（驚くべき危機管理体制だったと思うのだが）、家の窓から見て「変わった飛行機が飛んでいる。新形かな」と思った程度だった。

　空襲が本格化したのは、1944（昭和19）年の秋からだっただろうか。西の郊外にあった中島飛行機製作所が標的となって、B29という大形4発爆撃機の来襲が始まった。編隊を組んで一斉に爆弾を投下するから、かなり離れている小生宅でも大音響とともに大きな地響きが感じられるほどだった。一般家庭でも、庭に穴を掘って畳などを被せた防空壕に避難していたが、直撃弾を受けて亡くなった人がいる、という話を伝え聞いた。

　1945（昭和20）年3月10日に始まった焼夷弾による一般民家への焦土作戦はすさまじかった。絨毯爆撃とも呼ばれ、都市を隅から隅まで焼きつくそうという感じの焼夷弾の波状攻撃である。一晩に何百機もが飛来した。同夜、東京東部（いわゆる下町）の広い範囲が燃え上がり、小生の自宅からも、すぐそこの空が真っ赤に染まっているように見えた。東京大空襲と呼ばれているものだ。

　同年5月25日の夜、阿佐谷にも雨のように焼夷弾が投下される日がやってきた。あまりのすごさに夢中だったが、小生宅にも油脂焼夷弾が落下したので、水を入れたバケツを持ち、いつも屋根に立て掛けてあった梯子を何度も駆け上って消し止めたのである。瓦葺きの平屋だったのが幸いしたし、子供の頃、屋根に上って遊んでいたのも役に立ったのだと思う。その間、阿佐ケ谷駅南側の商店街も燃え上がり、折からの南風に乗って流れてきた濃い灰色の煙に巻かれてしまった。

空からは間欠的に爆音が聞こえるので、焼夷弾がいつ再び落下してくるかが分からない。煙のために、水を浸したタオルで鼻を押さえ、水の入ったバケツに顔を突っ込んで、ようやく息をする始末だった。よく窒息しなかったものだ。

中央線の線路の空間に阻まれたのだと想像するが、幸い線路際の火災は延焼してはこなかった。しかし翌朝、屋根に上がって見ると、北隣のお宅から北に向かって見渡すかぎり焼け野原と化していたのである。茫然自失の体だった。

こうなると、もう鉄道趣味などと言ってはおられず、ただひたすら爆撃の被害を受けないように祈るしかない。それに水と食べ物だ。すでに都会の多くの人たちが田舎に疎開していった。母と小生も、母の故郷の鳥取に疎開することを考えて荷物をまとめはじめたのである。夏の暑い盛りだった。

戦争の終結と戦後の暮らし

ちょうどその頃、空襲警報下の庭での立ち話の折、南隣のおじさん（某全国紙の部長さんだった。おばさんは英語が専門で、外国とニュースをやりとりする大手通信社に勤務しておられた）から「近々アメリカが新形爆弾を落としますよ。それを機会に日本は無条件降伏するはずです。もう少し頑張りましょう」と言われた。それで疎開を取りやめたのだが、水面下でいろいろな取引が行なわれていたのだろうと推察する。

その情報がご夫妻いずれのルートからのものだったのかは分からないが、事実そのとおりになったのである。広島と長崎での大量の死者や生存者の後遺症、それに死の灰という後々まで尾を引く大変な悲劇を残して……。当時まで広島に住んでいたら、小生も今ここにはいないか、苦しみを分かち合っていたことだろう。広島電鉄と長崎電軌の車両も無残な姿を晒したのだった。

1945（昭和20）年8月15日の朝、伊勢原に物々交換の買い出しに行った。その農家で天皇の「国民に告ぐ」という無条件降伏の詔勅《しょうちょく》を読むラジオ放送を聴いた。長かった第2次世界大戦が終焉したのだと感無量だった。中学3年生の夏のことである。

小生はその夕刻から原因の分からない高熱を発してしまった。何日かで低下はしたものの、37度を上回る微熱がとれず、その頃は治り難い伝染病として恐れられていた肺結核の疑いがかけられた。しかし、病院にはそれを確認するためのレントゲン・フィルムがなかったので、入荷するまで、念のため自宅での安静を指示された。

布団を敷いたままにして、横になったり起き上がったりの生活。無聊を慰めてくれるのは古くからあった本とラジオだけだ。ここでも鉄道趣味どころではなく、つけっ放しのラジオを聴くことが多くなる。ニュースと天気予報はもちろん、落語・漫才・漫談・講談・浪花節・歌謡曲・相撲・軽音楽・クラシック音楽……。その中で自然に興味を引かれたのがセミ・クラシック音楽と称するごく軽いクラシック音楽だった。「ハイケンスのセレナーデ」「クシコスの郵便馬車」「森の水車」や、歌劇の序曲など、当時の誰もが親しんだ小品である。また、ウェーバーの歌劇「魔弾の射手」の抜粋を聴いていると「猟人の合唱」のメロディが流れてくる。「あれ、これは小学校で歌った曲だ」。ビゼーの「アルルの女」組曲では、輪唱で習った「ファランドール」。「へえ、あれはこの曲の一部分だったのか」というように、徐々に引きつけられていく。

3カ月ほど経って、ようやく病院にフィルムが入荷、結核の疑いは晴れた。休んだための学習の遅れを取り戻すのにいささか骨が折れたが、順調に回復していく。この頃から、当時の本職だった勉学のほかに、ようやく鉄道趣味と音楽鑑賞趣味とが併存するようになった。

ラジオの「復員情報」という番組で、父の部隊の隊員の方々が帰ってこられることが分かり、浦賀港にお目にかかりに行った。400人の部隊で帰国されたのは8人。応召民間人の将校が一人と後は兵隊さんで、皆さん栄養失調で顔が真っ黄色だった。ニューギニアの山脈を横断して退却する途中でばたばたと倒れていったのだという。地図で見ると4000メートル級の山脈だから、61歳になっていた父は疲労困憊の極みだっただろう。「何でも食べました」と言って、後は言葉を濁されたのを覚えている。いろいろなことが想像されるが、生きるための極限状態だったに違いない。「お父さんのご遺体は山中に埋めてきました」と。遺品は自慢の印鑑だけだった。

職業軍人の父は、「一旦緩急あれば死んで国に尽くのが使命」だったから、その補償として恩給制度が設けられていると理解していた。本人が戦死した場合にはその妻に公務扶助料が支給されることになっていたのだが、それらがすべて停止された。

収入の道が閉ざされたうえにハイパー・インフレが発生。それを防止しようと預貯金の封鎖が実施されて引き出せなくなり、新しい札しか使用できなくなった。ハイパー・インフレはものすごい上昇率で、終戦時、消費者物価はすでに戦前の3・5倍になっていたが、それからわずか3年間でさらに8倍にもなったほどである。封鎖されていたわずかな預貯金は紙くず同然になった。引き出すことができたとしても無駄になったのだ。だから、今でもインフレという言葉を聞いただけで、恐怖におののく。インフレはコントロールが難しいのだ。

母の賄い付きの間貸しと内職、小生の家庭教師や、漁師から買ったエビなどを近くの料理店に卸す担ぎ屋のアルバイトなどで食べるのがやっと。ようやく学校に行くという生活が続いた。自宅が焼夷弾で焼けなかったのが幸いだった。通学することができ、お金のかからない範囲で細々ながら趣味を続けられたのだから。

戦争は、戦地に行かれた方々だけではなく、残った人にも悲惨さをもたらす。ハイパー・インフレでは、怪しげな目ざとい人たちが莫大な利益を手にし、札びらを切ったものだ。嫌な言葉だが、極端な勝ち組と負け組の格差社会だった。

ちなみに、後に営団地下鉄に職を得た時、給与が月に2回に分けて支給されていた。ハイパー・インフレによって、給与改訂が1カ月も待てなかった時の名残だと聞いた。

鉄道機械班の設立と仲間たち

世情が多少落ち着きを取り戻し、学校の授業もようやく進んできた頃、今で言う部活が始まった。好き者の上級生から声をかけられて、われわれもお手伝いし、「鉄道機械班」という名称のクラブが発足したのである。

その中心メンバーの一人が、小生と同学年で当時は鉄道マニアの小田急ファンだった若林駿介君。鉄道関係には進まなかった裏切り者だ。音楽やオーディオのお好きな方ならご存じだと思うが、後にクラシック音楽の録音技術では日本の第一人者となり、九州工科大学の講師や日本音響家協会の会長に収まって、今でも『レコード芸術』という音楽雑誌にCD録音評の健筆を振るっている。また、営団退職後、さる電鉄の騒音問題のご相談に預かった時、彼には音響学の専門家として知恵を貸してもらったのだった。

もう一人が小田急の車両部長になった山岸庸次郎君だ。その頃からの小田急マニアで、小田急に就職して手掛けたのがＮＳＥ（３１００形・２代目ロマンスカーの愛称）だったというラッキーな男である。山岸君には後々まで、本当にお世話いただくことになる。

そして1年下に、本職は大学教授だが、日本を代表する鉄道研究家の中川浩一君がいて、活発な活動を展開していたものだ。どこまで探究心が旺盛なのか、ただただ感嘆するばかりである。

鉄道機械班の活動は、例会での班員それぞれの発表が主だったと思うが、一番印象に残っているのが「復興祭」と銘打ち、十中では戦後初めて実施された記念祭だ。わが鉄道機械班もブース（教室）を一室もらい、各自、自慢の品を持ち寄って、展示会の様相だったと記憶する。

小生は紙と木で作った多分HOゲージのモハ43形を両運転台にした模型を出品。半流線形で、広窓、ノーシル・ノーヘッダー、張り上げ屋根に魅力があった。鉛製の車輪とパンタグラフは買ってきたが、車軸には壊れた算盤の球を滑らす棒を使い、室内の座席や荷物棚なども紙で入念に作ったので、貫通扉の窓から覗き込むと本物そっくりに見えた。台の上に線路を設け、レールは日曜大工用の細い木の棒を張り合わせたもの、ひごを細かく切ってバラストとして撒いてニスで固め、架線柱にカテナリー架線をぶら下げたりしたから、結構見映えがしたのだろう。

ちなみに、この鉛製の車輪は魚籃《ぎょらん》坂下にあった「カツミ模型店」で買ったものだ。五反田《ごたんだ》から、吹きさらしの運転台、一段上がって客室に入るタイプの、物すごくピッチングする2軸車の路面電車で行ったような気がする。

この復興祭には夜警のために、交代で一人ずつ、ブースに泊まり込んだ。小生は自宅にあった手巻きのポータブル蓄音機を持っていったのだが、友人がベートーヴェンの「第7交響曲」のS

Pレコードを持ってきていた。夜中に聴いてめっぽう気に入り、竹針で5回繰り返してかけた記憶がある。これがクラシック音楽の大曲への興味の始まりだった。トスカニーニが指揮するニューヨーク・フィルハーモニー交響楽団演奏のビクターの「赤盤」。今でもCDに復刻されたものを入手して時々聴いている。

十中の同級生たちは各方面に羽ばたいていったが、変わり種は、男性コーラスグループとして現在も活躍している「ダーク・ダックス」のメンバーの一人、ゲタさんこと喜早哲君だ。一時期、隣同士に並んでおり、当時から合唱に夢中だった記憶がある。進む方向が異なったので、放送やLPレコードで楽しんではいたものの、会う機会はなかった。それが同期会で何十年ぶりに顔を合わせた時、「君のお父さん、ニューギニアで戦死したんだったよねえ。苦労したねえ」と声をかけられて、これまた三波伸介の「やっぱり鉄道屋になったか!」の言と同様、その記憶力のよさに仰天した。そして彼らの歌う「鉄道唱歌」のCDを贈ってくれたのである。とてもありがたかった。

もう一つの趣味

話は変わるが、英単語の日本語訳を覚えるために、10ミリ×50ミリくらいの真っ白な薄い紙でできた「白カード」というものがあった。現在でも「単語記憶カード」の名称で売られているようだ。中学4年生ともなると本来の目的でも使ったが、それよりも、アメリカの鉄道名とその略称を、また世界中の管弦楽団とその常任指揮者の名前を表裏に書いて、一生懸命覚えた。友人たちから「受験勉強はどうなっているんだ」とからかわれたが馬耳東風。寸暇を惜しんでアメリカの愛称名の付いた優等列車の運行区間を地図に落として楽しんだのもその頃のことだった。

ついでながら、当時同居していた勤め人の従姉から小遣いをもらって、オペラを見たりSPレコードを購入するようになった。オペラは東京劇場での「魔弾の射手」を皮切りに、帝劇で上演された「ドン・ジョヴァンニ」「カルメン」……と続く。

また、レコードはすべてヨハン・シュトラウスのワルツで、まだ材質が悪かった新品もさることながら、中野にたくさんあった中古レコード店を探し回り、戦前に発売されて盤質がよく、珍しい作品のSPレコードを買い求めたものだ。この頃の小生の趣味は、どうも鉄道よりもそちらのほうがかなり優先していたようである。

日常の家庭生活と勉学はともかく、鉄道と音楽の二兎を追った趣味は、結局どちらも中途半端なものになってしまい、深く追求するまでには至らなかった。その後も、どちらにも色目を使い続けたから、今日でもその状態のままである。

世の中には、二兎も三兎も、いや四兎も追って、そのすべてに深い造詣をお持ちの方々がおられるが、小生にはとても無理だ。頭の出来が異なっているに違いない。まあ「趣味だからよいのさ」というところだ。虻蜂取らずとはこういうことを言うのだろう。

第1章　鉄道をめざして

旧制高校に入学

子供の頃から汽車や電車が好きで、小学校高学年の頃には、将来、鉄道車両関係の仕事をしたいと思うようになっていた。振り返ってみると、その後、変化も進歩もなく、中学の高学年になっても全く同じ道を歩んでいた。

最近は、子供のまま大人になった人間のことを「熱中人」とか「足が地についていない」などと言うらしい。こういう人間は、後年になって、少なくとも奥方には呆れの目をもって見られ、迷惑のかけ通しだったようである。しかし、ともかく、旧制中学校を卒業する頃までの単なる鉄道好きは、ほんの初歩の趣味の範囲を出なかったが、その後、職業として、生活のために、鉄道への就職をめざすようになってから、少しぴんとしてきたことは確からしい。

その頃、つまり1947（昭和22）年当時の旧制中学校は5年制だったが、4年生で旧制高校や大学の予科の入試を受験することができた。それで旧制東京高校と早稲田大学高等学院を受験してみた。鉄道と音楽三昧だったにもかかわらず、不思議なことに早稲田の1次学科試験に合格したのである。しかし、2次の口頭試問で見事に落第。

この時、万が一、早稲田に合格していたら入学するつもりだったから、営団地下鉄にはご縁がなかったに違いない。その卒業年次には学卒を採用していなかったからだ。

翌年、十中最後の5年生の時に受験した東京高校には見事に合格し、三鷹の南、牟礼《むれ》というところにあった校舎に通学することになった。実生活は引き続いてアルバイトに追われると同時に、国鉄に遊びで出入りしたり、音楽趣味に首を突っ込んだりして、いささか（大いに）勉学が疎かになっていたことは否めない。

確かな時期の記憶はないが、中学の友人である若林駿介君の家によくレコードを聴かせてもらいに遊びにも行った。お兄さんが趣味のヴァイオリン演奏とともに、鉄道趣味人でもあったので、「鉄道に勤めて車両の仕事をやりたいのなら、電気工学科ではなくて機械工学科を受けなさい。電気だと変電所や信号に配属になる確率が高いよ。車両製作会社でも機械のほうがよい」との助言をいただいた。国鉄に出入りするようになって観察した結果も確かにそうだったので、機械工学科をめざすことに転向したのである。

東京機関区の見学

1948（昭和23）年、ちょうど旧制中学卒業（旧制東京高校入学）の年が学制改革に当たり、十中も6・3・3・4制への変更に伴って都立西高等学校になったが、小生の自宅の近くに十中時代の歴史の先生のお宅があった。歴史は不得意な科目だったが、家が近かったことと、お人柄がとてもよかったので、よく遊びに伺っていた。

夫人の従兄さんが当時の東京鉄道局運転部機関車課長をしておられたので、「紹介してあげよう」ということになった。後年、鉄道切手の収集家としても有名になられ、理事四国総局長になられた荒井誠一さんだった。

こうして、たびたび東鉄に遊びに伺って、直接教えていただくようになったのである。具体的な質疑は配下の小山正直さんにバトンタッチされた。細かいことをご質問して「調べておくから」というようなこともあって、随分と時間をとらせてしまい、今さらながらお詫びしたい気持ちである。しかし、当時は余裕がおありになったのだろうか、単なる一学生に対してどなたも丁寧に応対してくださり、親切に教えていただいた。

荒井さんから連絡していただき、いささか分かりにくい通路を通って東京機関区の事務所を訪ねたことがあった。当時は電車よりもむしろ電気機関車に惹かれていたのである。お願いしてE

F53形を見学させていただく。運転室から機械室まで、一通りご説明いただいたのだが、すでに「電気車研究会」の創立者・田中隆三著の『電気機関車工学』が座右の書になっていたから、おおよそのことは理解できた。

最後に「ノッチ扱いをしてみませんか?」と聞かれたので、これはもっけの幸いとさっそく運転士席に座って教えていただく。マスコン・ハンドルのレバーを1ノッチずつ進めていく要領は難しくて一度ではうまくできず、笑われながら、それでも繰り返すうちにきちんと刻めるようになって、誉められた記憶がある。機関車を動かすところまでは許されなかったし、何かがあったら大変なことになるからその気もなかった。

EF53形とED42形の運転室添乗

一生忘れられない最大の思い出は、EF53形とED42形の運転室添乗だ。EF53形は東京～沼津間だった。荒井さんがわざわざ東京駅のホームの機関車のところで見送ってくださったのが昨日のことのように思い出される。

普通列車だったが、ベテランの運転士さんはさすがだった。通過駅の保土ケ谷で「このホームの先端を時速○キロで通過してノッチ・オフしますからね。そうすると次の戸塚のホームの先端で○キロになります」と。そのとおりに全く誤差がなかったので、初めてのことでもあり、仰天してしまった。長編成の列車重量や天候にも左右されるだろうにと思って感心したのである。

ＥＤ42形の場合はさらに印象に残っている。碓氷《うすい》峠の麓にある横川機関区を見せていただいた後、先頭の機関車の運転台に乗り込んで一通りの説明を聞く。自動車のような円形のマスコンが面白い（後にヨーロッパではよく見かけたが）。

ここからはアプト式鉄道で軽井沢をめざし、機関車のピニオン（歯車）が歯軌条（ラック・レール）に噛み合って66・7パーミルの勾配を登っていくのだと思うと胸が躍った。さあ、出発だ！

丸山信号場まではほぼ平坦で普通の線路。いよいよラック区間に差しかかった。機関士さんから「エントランスに入る時はマスコンを低速で入り切りしながら慎重に噛み合わせるのです」「先頭と後尾3両の機関車間で、起動時、エントランス、ブレーキ時など、違った警笛で合図をします。よく聞いていてくださいよ」などと説明をしていただく。

圧巻は、帰途、軽井沢側の矢ケ崎信号場を通過して下り勾配に差しかかる時だった。66・7パーミルの下り急勾配を正面から見ると、眼前の線路が奈落の底に沈んでいくように見えた。「このまま落ちていってしまうんじゃないか」。そういう感じだった。それまでに乗客として何回か往復はしていたが、客車の窓からの眺めとは全く違うのが驚きだったのである。残念なことに、カメラを買ってもらえるような経済状態ではなかったので、当時の体験を記録した写真は全くない。

「東京～沼津間の客車列車を電車化しようという計画があって、今、打合せをしているよ。車体の色も今までのマルーンから変えて、ミカンのオレンジと木の葉のグリーンの2色、いろいろな塗り分けを考えている。駅に案のポスターを掲示して投票してもらう計画だよ」と教えてくださったのは、荒井さんから紹介された明石孝東鉄運転部電車課長（後に近畿日本ツーリスト社長）だった。電車が好きなんだという感じがにじみ出ている方だった。それから何回か教えていただきに伺った。

どちらかというと、当時から車両の設計に興味があったので、工作局の北畠顕正動力車課長をはじめ、衣笠淳雄さん、矢山康夫さんなど、当時のそうそうたる方々にもお話を承ったことがある。しかし、本当にお世話になったのは、後述するように、早稲田大学機械工学科4年生の卒業論文のご指導をいただいた時だ。国鉄さんには足を向けて寝られない。

5年間続いた受験

せっかく合格した東京高校は学制の変更によって1年間で修了し、改めて4年制の大学を受験することになった。しかし、うつつを抜かしていたため東大を見事に落第、浪人の身となる。しかし、もし合格していたら営団地下鉄にはご縁がなかったはずだ。

次の受験時には、東大と早稲田大学第一理工学部の試験日が重なったため、早稲田の第二理工学部（夜間）の機械工学科に入学する。さらに翌年、第一理工学部への転部試験を受けて合格し、ようやく落ち着いた学校生活に浸ることができるようになった。

考えてみると、いささかぐうたらな受験勉強ではあったにせよ、中学4年、同5年、高校1年、浪人、転部と連続5年間続いた受験は、心身ともに相当にこたえたのが事実である。お陰で、定期購読していた『電気車の科学』にゆっくりと目を通す暇もなく、進展していた鉄道車両技術の知識が途切れて、とうとうそれを取り戻すことはできなかった。

一方、そうした中でも将来の進路についてはいろいろと考えてはいた。当時の国鉄は東大閥が深く根ざしていることは承知していたし、荒井さんからも「早稲田では国鉄志望はやめたほうがよい。局採用（本社で採用する「全国版」ではなく、鉄道局が採用する「地方版」）ではつまらない」という明快な助言をいただいたので、車両メーカーを第一志望とし、私鉄にも目を向けようと考えるようになった。

しかし、その後、国鉄の新形式の新造車両の試運転に何度か乗せていただく機会があった折に、国鉄職員の方々と、同乗していたメーカーの設計者や上層部とのやりとりを聞いていて「これでは小生にはとてもメーカーでは勤まらない」ということが分かった。発注者、つまり国鉄の「甲側」と、受注者、つまりメーカーの「乙側」との立場の相違があまりにも明瞭に読み取れる対応だったからである。

夜間部から昼間部へ

一般的には、夜間部は、向学心に燃えていても経済的に恵まれない人たちが、昼間働いて生計を立てながら夜間通学するという学部だろう。小生も実質的にはまさにそのとおりだった。ただ、ハイパー・インフレが収束に向かい、アルバイトの仕事量も増加していたので、生活がやや楽にはなっていた。

ところで、この年度の早稲田夜間部機械科の雰囲気は少々異なっていたようだ。前期の期末試験の数学の時間に、その数学担当の教授が監督に来られ、学生たちの気を静めるように「全部できなくてもいいからね」と繰り返し言っておられたが、時間がたつにつれ「今年の学生はみんな出来がいいなあ。不思議だなあ」という独り言が聞こえた。どうも大部分が東大受験の落第組だったらしい。そして分かったことは、やはり大部分の連中が1年目の転部試験を希望しているということだった。

その合格者は4名が限度だと知らされて、さあ大変！　八十数名のクラスだったから、その競争倍率は格段に高い。ぐうたら受験勉強から懸命な受験勉強に転向、やっとの思いで合格したのだ。後にも先にも、この時ほど学業に打ち込んだことはなかったのである。仲よくなった4人が一緒に転部できたのも幸いだった。

夜間部から昼間部に転部したのは1951（昭和26）年のことで、まだ戦後の荒廃は続いていた。機械工学科の実験棟の設備は壊れたままのものが多く、もっぱら講義授業だったと記憶している。一緒に転部した仲間たちは意外に真面目人間ばかりで、新宿に遊びに行くでもなく、小生を除いてアルコールも不得意な奴等だった。小生は、大学と高田馬場駅との中間、戸塚2丁目交差点の裏手に、もう年配の従兄たちが住んでいたので、寄り道をしてはちょいちょい飲まされていたのである。

だから、授業のほかは、それぞれの自宅に遊びに行ったり、休みの日に郊外に散策に出かけたりというように、すこぶる健康的に過ごしていた。その友人の中の二人がジャズの大好き人間。そのころ出はじめたばかりのLPレコードをたくさん持っていたので、その魅力もあった。ジャズばかりでなく、タンゴやラテンなどに親しんだのもその頃のことだ。

中学時代の親しい友人、細谷克己君が社交ダンスに熱をあげて、デモンストレーションのコンクールで優勝するほどになっており、強く勧められて彼の所属するダンス教室に通うことになった。お金がないからレッスン料は値切り倒したのである。その頃の常としてブルース、フォックス・トロット、ワルツ、タンゴの順序で進んだ。「まあ、うまくはないけど、付き合いに踊るのにはそれくらいでいい」と言われ、それ以上に進むのは遠慮申し上げた。イヤイヤだったこのレッスンは、営団地下鉄に入ってからの仕事上のお付き合いで、多少は役に立つことになった。

ようやくいくらか落ち着きを取り戻した結果、鉄道に対する興味が甦ってきた。しかし、もう、単に好きということよりも、卒業論文の種にしようとか、将来に役立てようという意識のほうが強くなっていた。許可をとって、電気工学科の電気鉄道の授業に潜り込んだり、鉄道の専門書を購入して読んだりという日が続いた。

そんな中で、小生の興味は客電車用の台車に絞られていった。国鉄に高速台車振動研究会が設立されて、新しい方式の台車が開発されつつあったことに引かれたからでもある。鉄道全体に対する興味が失せたわけではなかったが、この頃以降かなりの間、どうも専門技術オンリーに向かってしまったようである。

東芝と小田急での課外実習

３年生、４年生の夏休みには、外部の企業体に行って、１カ月程度の実習をすることになっていた。３年生の時は、東芝府中工場（当時は東芝車輌）のお世話になった。電気機関車の製作が主体で、電動台車の試作にも触手を動かしていた時期である。希望して車両設計課に配属してもらった。したがって実習とは言っても、技能的な手仕事はやらされず、設計されたものの勉強、図面のトレース、その基礎知識を持って製造現業に見学に行くことが多かった。

しかし、そのほかに、小生にとって二つの非常に重要な出来事があった。その一つは、外国雑誌の広告に掲載されていた動力伝達装置に用いられるWN式歯車継手《つぎて》の断面写真から断面図を起こすことだった。担当の方（脇屋さん）から説明を伺って、適度な縮尺で図面化していく。物の本で読んだり聞いたりしてはいたが、ばね上装架方式駆動装置の実際に触れたのはこれが初めてだった。そして小生が書いた図面を持って「○○鉄道に売り込みに行くから、奇麗に書いてよ」と言われて緊張した覚えがある。当時はプレゼン（プレゼンテーション）などという言葉はまだ使われていなかった。

WN式歯車継手は、後に就職することになる営団地下鉄丸ノ内線300形に、わが国では初めて大量採用された方式だ。もともとはアメリカのナッタル社（後にウェスティングハウス社が買収）が開発、ニューヨーク地下鉄に採用された後、ストックホルム地下鉄にも導入されていた。後年、わが国の新幹線車両にも全面的に採り入れられている。

重要問題の二つ目は、古くから台車メーカーでもあった住友金属工業（当時は扶桑金属）がその直前に公表した「台車設計計算書」のコピーを入手できたことである。その頃から、卒業論文は「電車用電動台車の設計」が目標になっていたので、「コピーしてあげるよ」と言われた時には天にも昇る心地だった。早稲田の機械工学科では、ゼミに属して論文を書いても、あるいは何かの設計でもよいことになっていたから、翌年、ただちに役に立ったのである。だから、個人的には、国鉄と同様、東芝と住金の方角には足を向けては寝られないということになる。

小田急経堂工場での実習風景。モニ1形の台わく上で図面を広げる著者。左隣が小出助役。モニ1形は廃車になり、その車体を使って入換車のデト1形に改造された

4年生の夏休みには小田急の経堂《きょうどう》工場で実習することになった。たまたま廃車間際の旧車を利用して入換車両牽引兼荷物電車に改造する計画があり、その設計に着手するところだった。双方にとってもっけの幸い。山村秀幸工場長（後に小田急電鉄副社長）の下、小出寿太郎首席助役（後に小田急電鉄副社長）直接のご指導によって、現車と照らし合わせながらの図面引きが実習になった。形式図はもちろんだが、部品、車体台わく、構体の改造部分など、もろもろの図面作成は面白かったし、大いに参考になり、今でも感謝している。

部品を造っては現物合わせするから、どうしても不都合が出るため、そのつど、小出さんとご相談ということになった。そしてここでも、小生が引いた図面を「運輸省への認可申請に使

うから奇麗に書いてよ」と言われて、やはり緊張した。

骨休めに、時々工場出場試運転に乗せていただいた。試運転列車には、運輸部から監督が乗り込んで来られた。生方良雄さんだった。ダイヤを手にして、よく「当たっちゃうぞ、当たっちゃうぞ（先行列車に追い着いてしまうぞ）」と、運転士に声をかけておられたのを覚えている。

途中からだったが、「同じ早稲田だが、電気工学科から実習生が二人来るよ」と紹介されたのが、守谷之男君と内田修平君だった。同じ大学とはいえ学科が違うから初対面だ。二人とも当時から東急車輛への就職希望と聞いた。そしてめでたくお揃いで入社され、後年、仕事でも個人的にも、大変お世話になるのである。ここでお知り合いになれたことは誠に幸いだった。

卒業と就職の準備

クラス担任は関敏郎教授で、自動車メーカーに就職してから学校に戻られたこともあってか世情に通じ、顔も広かった。残念ながら、令夫人と南極を遊覧飛行中、事故で亡くなられた。

その関先生の引率の下、学生有志が関西圏の工場見学に旅立った。神戸の川崎車輛で、先生と同期の伊丹さんという営業課長さんから説明いただき、鉄道車両製作現場を見学したことははっきりと覚えているが、そのほかの訪問先については全く記憶にない。

「就職するとマージャンという遊びを知っていないとまずいらしいよ」と誰かが言い出して、さっそくパイがあった友人の家に集まり、彼の父上から特訓を受けた。みんな、こういう遊びが苦手なほうだったので、どうにか並べ方や若干の役を覚え、やっと勝負ができるようになったところで「まあ、これでいいだろ」ということに。実際、営団地下鉄への入団直後から、まずマージャン、そしてカラオケとゴルフには、後年まで苦しむことになる。

この頃になると、そろそろ就職志望先を絞り、願書を提出する時期になる。前に述べたように国鉄はダメ、メーカーも適応性がない、ということになると、私鉄ということにならざるを得ない。あれこれ考えあぐねた末に残ったのは、小田急、東武、営団地下鉄、近鉄、南海だった。近鉄と南海には特急車があることに魅力を感じていたのだ。

母も「自分は一人でここに住むから、関西に行ってもいいよ」と言ってくれてはいたものの、就職の相談や紹介もしていただいた年配の方から「ひとりっ子なんだから、お母さんがそうはおっしゃっても、一人だけ置いていくのはやめたほうがよい」という助言があったこと、それに、東京に住みたいという自分自身の希望も強かったこともあって、関西の2社はとりやめることにした。その理由は誠に単純で、名古屋の叔父の家に遊びに行った時、書店に5万分の1の地図を注文しようとしたら「1週間かかります」と言われたことだ。東京では、朝頼むと夕方には届いていたから。

小田急は、前述のとおり、中学同期の山岸庸次郎君のほうが以前から希望を持っている。これには非常に悩んだのだが、彼にも相談した結果、二人とも合格することを願って、一緒に受験することを承知してくれたのである。本当にありがたかった。それは今でもいくら感謝してもしきれないことだ。

卒業論文は台車の設計

4年生の選択科目の中に「鉄道車両工学」があった。先生は国鉄の川本勇監察局長（後に鉄道技術研究所長→住友金属）で、授業はなかなか面白かった。ちょうどアメリカ出張帰りだったこともあって、当時は珍しかったアメリカの鉄道や、太平洋航路の船内風景の紹介を、カラー・スライドを使って楽しく見せていただくという講義もあった。

そんなある日、恐る恐る教壇に伺って「卒業論文に電動台車の設計をやりたいのですが、ご指導をお願いします」という意味のことを申し上げたのだが、「そりゃ、君、無理だよ。付随台車にしなさい」と言われ、川本先生からご紹介いただいたのが国鉄本社工作局客貨車課の森川克二さんだった。

森川さんからは、まず高速台車振動研究会の資料を読んでおくようにと貸していただいたのが初対面の時の宿題だったと記憶する。当時、国鉄と車両（台車）メーカーが一緒に研究開発に取り組んでいた「乗り心地のよい台車」の成果だ。既に、東芝で聞いたり、『電気車の科学』の記事を読んで一通りのことは知っていたが、核心に触れるのは初めてだったから、胸が弾んだ。ばね上装架、直角カルダン、WN、クイル、コイルばね、オイル・ダンパ、一体鋳鋼、無摺《むしゅうどう》動軸箱支持……などが新しいとされていた時代だ。

そこで構想を練って到達したのは、小田急の特急車をイメージした半流線形、連結面間20000ミリ・幅2800ミリの先頭用制御車で、乗客の前方展望を考慮して運転室背面の客室出入口用デッキをやめ、転換クロス・シートを運転室背面窓に接する部分から客室全室に配置する座席指定制御車用の付随台車だった。

台車方式は、当時通学でよく利用していた国鉄モハ72形の電動台車が上下・左右ともに安定した走行を見せていたので、その構造を参考にすることにした。そのために森川さんから動力車課で直接ご担当の石沢応彦さんを紹介していただいた。石沢さんには後の川崎重工時代にも大変お世話になる。

したがって、台車の概念構造は、2軸ボギー、揺れ枕吊り方式、端はり付きH形一体鋳鋼台車わく、オイル・ダンパ併用コイルばね式枕ばね、座席定員制による理想的に柔らかい枕ばね常数、従来形の軸箱守軸箱支持方式……で、まだ一体圧延車輪は開発されていなかったから、通常の焼ばめ式タイヤ付き車輪にしたのである。

コイルばねを柔らかくしたために、ばねの高さ寸法がベラボーに大きくなったので、枕はりは側はりの下をくぐらせ、蛇が鎌首をもたげたような形で枕ばねの上に載る形状になった。後に本物でもそのようになっているものがあったから、まんざらデタラメでもなかったのだろう。

各部の重量を推定し、いろいろな資料のデータと突き合わせてチェックしていったが、軸ばねと枕ばねの常数比をどのように設定するかが難題だった。ちょうどその頃、鉄道技術研究所の松平精車両運動研究室長が「設計者のための台車ばね系計算方法」という内容の論文を発表され、極めてやさしい計算式が示されていた。それにしても、ばね下・ばね間・ばね上などの質量比の計算と、ばね常数とオイル・ダンパの減衰係数の設定には難渋した。それと察して、森川さんが当時浜松町にあった鉄道技術研究所に連れて行ってくださり、松平精さんに引き合わせていただいた。松平さんがさらにやさしく解説してくださったことを覚えている。

左右動に関しては、設計用に解析された資料がまだなかったが、揺れ枕吊りを極力長くし、その鉛直に対する角度を小さくすることによって緩やかになることが分かっていたので、長さと角度は「エイヤ!」で決めた。さらに振動解析、上下共振曲線の作成などと並行して、形状を決めながら、車輪車軸、台車わく、上下揺れ枕、揺れ枕吊りなどの応力計算、基礎ブレーキ装置なども含めた詳細設計を進めることになる。東芝で入手した住友金属の台車設計計算書がここで大いに参考になった。

こうしてようやく、計算と図面作成が終わったのだが、確かに川本先生の予言どおり、当初希望していた電動台車はとても無理だということが分かった。一番楽しかったのは形式図を引いている時だったような気がする。

最後の難関は一人ひとり呼ばれて受ける教授の審査会だ。何を聞かれ、どういうイチャモンがつくか分からない。川本先生は「審査会に出席できれば、援護射撃をしてあげられるけれども、残念だが講師は参加できない」ということで、事前に品川駅近くのお宅に伺って、計算書と図面を見ていただいた。いきなりディバイダー（長さをチェックする製図用具）を持ってこられ、図面の寸法を当たられたのには恐れをなした。鋳鋼製で鎌首をもたげたような形の枕はりの図面をご覧になって、大形鋳鋼製品が得意だった「住金が泣くよ」とからかわれたが、あの時すでに、先生ご自身が、後に、住友金属に行かれることがお分かりになっていたのだろうか。もしそうだったのなら笑ってしまう。

審査会の前夜、予習をしていたら、車輪の止め輪のはめ方とはずし方を調べていないことに気づいた。さあ大変だ！　聞かれたらどうしよう。

当日朝、審査会直前に学校の公衆電話から森川さんに電話した。「出張で留守です」。困った！幸い、森川さんの前の席の卯之木十三さんを紹介していただいていたことを思い出して「卯之木さんは？」。ご親切に詳しく教えていただいた。これには本当にほっとした。やれやれ。

そして本番に臨んだ。もうやぶれかぶれだ。まず形式図の審査から始まる。「ほおー、いい電車だなあ。こんなのに乗って旅行すれば気持ちがいいだろうね」と主任教授。出足は上々だ。しばらくの間、振動問題、強度問題や図面上のやりとりがあってから、「きみ、この止め輪ってのはどうやってはめるんだい。ちょっと分からんなあ」「それ、きたっ！」。卯之木さんに当日朝教えていただいたとおり、とうとうと説明したことは申すまでもない。「うん分かった。よかろう。なかなかよくやったね」となって、これが最後の本当のやれやれだった。卒業できる！ というのが実感だった。森川さんにはもちろん、卯之木さんにも感謝々々の一言に尽きる。

これは単なる作り話ではない。本当にあったありのままのことである。運がよかったとしか言いようがない。森川さんとはその後もシンポジウムなどで時々お目にかかり、卯之木さんにはそれから十数年後、別のことでまたお世話になる。

入団・入社試験

入社試験でも、また営団と東武の第1次学科試験の日取りがぶつかった。それぞれ一長一短あったとは思うが、一生自宅から通勤できるであろうという理由で営団を選んだのだった。東武も、国鉄の荒井さんを紹介していただいた中学時代の歴史の阿部乾六先生のご親戚が上層部におられ、やはり紹介されていたので、さっそくご自宅にお詫びに伺った。

そうなると、残るのは営団と小田急だけだ。試験日は営団のほうが先行した。営団の学科試験問題は、まともと言えばまともだが、いささか難しかった。最初が3題ほどの微分方程式の解を求めるもの。2番目はやはり3つほどの述語の説明。最後が勾配を登る列車の出力を求める計算問題で、勾配・重量・速度などの値が与えられており、答えがちょうど400キロワットとなったから、実際の条件にマッチした出題だったのだろう。この計算には相当な時間を費やした覚えがある。ただ、本当は重力加速度gの9・8を掛けてまた割らなければいけなかったのだが、帰宅してから気がついても後の祭り。機械工学科出身者の採用人員は1名だという噂だったから、もう諦めムードになった。

続いて、前述のように山岸庸次郎君と一緒に小田急の試験に臨んだのである。その時、彼はすでに東芝の最終試験に合格し、内定していた。そして「もし君が営団を落ちたら、ぼくは東芝に行ってもいいよ」とまで言ってくれたのだった。その時の感謝の気持ちは言葉では言い尽くせない。彼はあれだけ小田急を希望していたのだから。

しかし全く幸いなことに、営団の面接や身体検査が終わり、小田急の同様な二次試験が終了した直後、営団から合格通知が来たのである。よかった！　それは小生自身についても、山岸君にとっても。すぐに彼に知らせた。しばらくして、彼も小田急に念願の合格を果たし、東芝という日本を代表する大企業への入社を辞退したのである。

小生も経堂工場でお世話になった方々、特に山村秀幸さんにお詫びに伺った。小出寿太郎さん

1954（昭和29）年４月、大倉商事に就職して大阪に向かう学友を見送る東京駅で、特急「はと」の展望デッキに乗って記念撮影（中央が筆者）

の「小田急が新宿から営団丸ノ内線に乗り入れることも考えられる。その時にまた相まみえようよ」というお言葉が今でも耳に残っている。それは実現しなかったけれども、千代田線と小田急線との相互直通運転の打合せでは、再度、小出さんにも山岸君にも大変お世話になったのである。

早稲田の親しい仲間たちも、三井精機、大倉商事、プリンス自動車（日産）、小松製作所、富士重工など、好きな仕事先に就職が決まり、お互いの道を歩むことになった。その後も時々は集まって雑談や飲食を楽しんだが、それぞれの近況や企業が向かう方向などを議論し、意見交換をして、見聞を広めるのに役立ったのである。

第2章　新米車両課員の日々

営団地下鉄に就職

通称・営団地下鉄、正式には帝都高速度交通営団という厳めしい名称から、２００４（平成16）年4月に東京地下鉄株式会社、愛称・東京メトロという株式会社になった。元来が民間会社として出発したためか、小生の在職当時も、部内では「会社」と呼ぶ習慣だったので、ＯＢになって久しいが、感覚的にそれほどの違和感はない。

それにしても、入団した当時は、時間的にのんびりと仕事をしていた。朝は9時半出勤、夕方4時半には退社していたので、驚いたものだった。しかし、当然のことながら、それはその年のうちに「9時・5時」の世間並みに改められたと記憶している。

営団地下鉄は、１９３４（昭和9）年に新橋まで全通した東京地下鉄道と、１９３９（昭和14）

年、渋谷～新橋間が全通した東京高速鉄道とが合併して、1941（昭和16）年に設立された特殊法人である。第3セクターの走りと言えるだろう。

それまで東京の交通事業者がバラバラに計画していた路線網ではまとまりが悪く、総合的・一元的に調整する必要があるという考えから、1938（昭和13）年に陸上交通事業調整法が制定され、地下鉄事業は、建設・運営とも、新しく特殊法人を設立して統合するということになった。この答申に基づいて1941（昭和16）年3月、帝都高速度交通営団法が制定され、同年7月4日に営団が設立された。小生が在職中、この日は創立記念日として休日ではあったが、ゴルフが盛んになってからは部門ごとの大会に当てられ、残念ながら平日同様になったのである。

さて、長い道程を経て、ようやくこの営団地下鉄に就職することができた。その頃は不景気な世の中だったから、本当に安堵したのは当然のことである。

話がやや前後するが、合格通知が来たのは1953（昭和28）年の晩秋の頃だったが、その後、新入団者に全般の説明をするから人事課に出頭するようにとの連絡をもらった。恐る恐る顔を出してみると、初めて同時入団の一連が集まって、期待に胸を膨らませていたのだった。

テーブル・マスター（係制はまだなかった）の橋本道彦さん（後に人事部分掌理事→地下鉄トラベルサービス社長）から、営団全体の事情とわれわれの実際問題についての非常に詳しい説明があり、調書を書かされた。その中に配属と仕事の希望を記す欄があったので、「車両課」「台車の設計」と書き込んだのはもちろんである。われわれの同期は、技術屋7人、事務屋9人の16人だということも分かった。

その中で、車両部には、山口元章君、大塚和之君と小生の3名が配属になる。ほかの2名は電気工学科出身。大塚君は間もなく電気部を経て運転部に落ち着くことになった。

この説明会が終わった後、国井人事課長（後に人事部分掌理事）の招待で、須田町の交差点にあった地下鉄ビル1階のレストランに案内され、懇親会が催された。どこの企業体でもそうなのだろうが、一人ひとり当てられて、自己紹介と抱負を述べさせられる。書くこと以上に、特に知らない人の前で喋るのが苦手だったので、非常に困惑してしまった。

丸ノ内線の開業

翌1954（昭和29）年1月20日、4号線池袋～御茶ノ水間が開通した。すでに前年の12月には「銀座線」「丸ノ内線」という名称が公式には決まっていたようだが、部内的にはまだ国の都市計画決定による番号どおり、銀座線は3号線、丸ノ内線は4号線と称していたのである。そして後者は戦後初めて、世界最新の技術を導入して初めて営団の手によって開業した路線だということが喧伝されていた。

初めて乗りに行ったのは開通からしばらく経ってからのことになったが、その時の印象は鮮烈

記念すべき丸ノ内線300形の301号車。汽車会社の東京製作所製

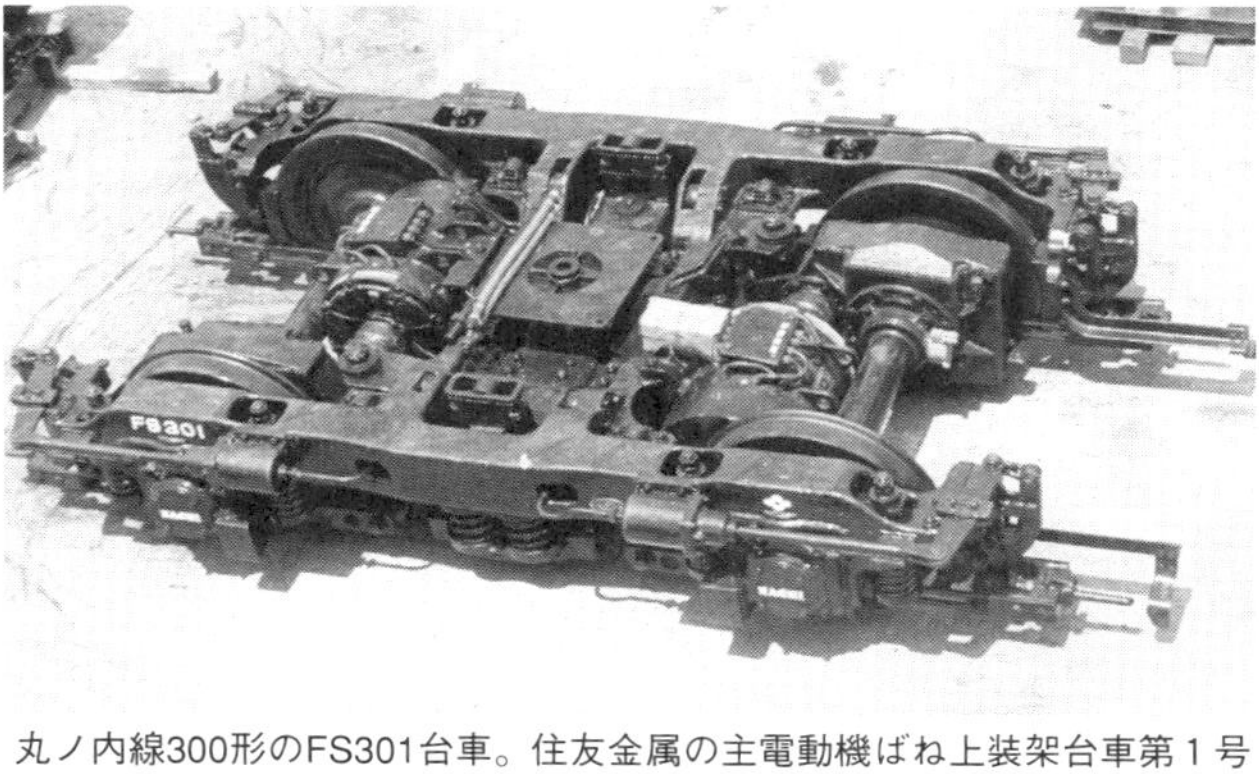

丸ノ内線300形のFS301台車。住友金属の主電動機ばね上装架台車第１号となるゲルリッツ式台車。軸箱上部に重ね板ばねを置き、その両側に台車枠と吊り棒下部ばね受の間にコイルばねを配置した構成。軸受は球面ころ軸受２個並列。写真は第三軌条集電ばりが未取付けの状態

だった。３００形の真っ赤な車体に白い帯、ステンレスの波模様を配したデザインもさることながら、柔らかな動揺と振動というその乗り心地のよさと、トンネル区間と地上部とが組み合わされ、斬新な駅のデザインと相まって「日本離れがしている」と驚嘆したものだった。

こうした状況の下で、普通よりは1カ月早い3月1日、初出勤の日を迎えたのである。

初出勤・初仕事

初めて出社（出団？）した日、車両課の設計陣は銀座線１５００形設計会議のために、宇田川銈造車両課長はじめ、卜部熊太（ぎ装）、望月弘（電機品）、多部一朗（車体・台車）、安藤栄次（図面）の諸先輩5名全員が出張中だった。留守番役だった加藤興三設計テーブル・マスターから「デスクや書棚にあるものは何でも見ていいよ」と言われて、大喜びで自由に見せてもらった。「機械工学出身なら多部君のところだ」とのことだったので、多部さんの席にある資料を詳しく見て、こんなことをやるのかと、わくわくしたものだ。どんな人なんだろうという疑問と期待に弾んだ。また、そのほかの人たちは、との不安があったことも否めない。

翌々日、全員がご帰還になる。課長に呼ばれて「君は多部君の下で台車設計の仕事をしてもらう」というご託宣だった。全くの希望どおりになって、内心、小躍りして喜んだことは今でも忘れられない。そして、どなたもがやさしく親切に迎え入れてくださった。

多部さんから仰せつかった初仕事は、ファンデリア（三菱電機製天井埋込み形半強制ファンの商品名）の取付けボルトの強度計算だった。台車のことではなく、しかも既に営業している丸ノ内線の車両用部品なのに、なぜ、その計算をやらされたのか疑問に思ったのだが、今もって分からない。多部さんはお元気だが「そんなことがあったかなあ」と言われるのが落ちだろう。

そのご褒美に、発足したての丸ノ内線小石川車両工場で行なわれていたファンデリアの風量分布の測定試験を見学に行かせてもらった。ファンデリアの中心から下方放射状に何層にも一定の間隔で結び目が作られた糸が張られており、その位置に合わせ、羽根が回転する手持ちの小形円筒形風速計で測定していた。今なら熱線式などを用いた新しい手法もあるのだろうが、すこぶる原始的な方法で、その風速計は中学低学年の物理の実験のために小生が母に買ってもらったものと同じものだったのである。

上野車両工場の見学

その時期、丸ノ内線用の機器を搭載した試験車だった１４００形がその役目を終え、上野車両工場（通称・上野車庫）で銀座線用の姿に改造工事中だった。「見てこい」という課長の指示で、１週間ほど、見学（見物かな？）に行った。１４００形の配線配管などの改造工事の複雑さもさることながら、当時現役で稼働中の車両の台車わくの亀裂の多さと、その深さには驚いた。現場

営団地下鉄に入団した年に上野車両工場で改造中の1400形を見学する筆者

で経験と勘を頼りにその亀裂を溶接修理していく熟練の藤巻三郎先輩の手際よさには一層驚嘆したのである。

一般的に言えば、最近は信頼性が安定したり、不具合箇所早期発見の保守技術が発達して、実故障や事故に直面する機会が少なくなり、異常発生時の早急な対処技能が低下しているのではないだろうか。技術や技能の進歩は必要不可欠なことだから、相反するのはやむを得ないことではある。また、外注すれば済むのだという環境になってきたこともあるだろうが、ユーザー側からノウハウが失われていくような気がしてならない。

その見学の時、上野車庫では地下鉄車両最大の特徴の一つだった間接照明が、暗いという理由で、灯具の下半分を覆っていたカバーを切り欠いてしまう作業も行なわれていた。何事も時代とともに変化していくものだというのが実感だった。こうした間に、新しく１４００形に装着する汽車会社製ＫＳ-１０８台車がトラックで到着した。それを荷下ろしし、構内の線路に載せる作業

初めて設計担当となった軸はり式台車のOK-11。川崎車輌製で銀座線の1500形に採用された

も初めて見たので、もの珍しかった。

この上野車庫に見学に行く時、課長から「運転ハンドルを持つことはまかりならん」と絶対禁止が指示されたのは残念だったが、「訓練を受けていない者が正式な許可なく運転して事故を起こすとが心配だ。運転が任務の職員がいるのだから」という理由だった。本人にキズをつけてはまずいという配慮と、ご自身の責任も考えられてのことだっただろう。庫内運転担当の現業職員から「ハンドルを持ってみないか」と勧められたのだが、残念ながら断ったのである。

小生等は改札や車掌、本線運転などの実習を受ける暇もなく、実務に突っ込まれたのだが、その後3年目以降の後輩たちにはその制度が導入されたので、すこぶる残念なことだった。

台車の設計を担当

前述のとおり、入団当時の車両課は銀座線1500形設計の真っ最中。その台車は旧来の軸箱守をやめて、摺動部分のない新しい軸箱支持装置を採用することになっていた。それが軸はり式ＯＫ‐11台車だが、次の１６００形がリンク（アルストム）式ＦＳ‐20およびシュリーレン円筒案内式ＫＤ‐13と立て続けだった。

とても意外だったのは、設計担当とは言っても、自分の手で設計するのではなく、メーカーからの提案を主体に、自分の判断も加えながら構想や条件をまとめるのが仕事だということだった。具体的な設計は、打合せをしながらではあるが、メーカーに依頼するのである。本当は実際の図面を自分で引きたかったのだが、それはかなわぬ夢と分かって残念に思ったものだ。川崎車輌の井上設計課長とは初対面の時から夕方遅くまで教えていただいたし、台車設計担当の友末さんや魚住幸雄さんにはこの時ももちろんだが、魚住さんには、後年、交通システム企画に勤務した時、同僚としてご一緒に仕事をすることになる。また、いずれも台車設計の重鎮、住友金属の松宮惣一さんや近畿車輛の山口勝さんとも長いお付き合いが始まった。当時はワープロもパソコンもない時代だから、カーボン紙を挟んで書く手紙を何通やりとりしたことか。

ユーザー側は実際に製造するわけではなく、メーカー側は鉄道事業に携わったことがない。この方法が世界の常識だと知ったのは大分経ってからのことだった。両者の意思疎通がいかに大切かということをしみじみ感じさせられたが、そういうやり方はそれなりに興味深かったので、今になってみると大変ありがたい仕事だったと思っている。入団直後からお世話になった方々のお顔が走馬灯のように目に浮かぶ今日この頃である。

そうしたある日、課長に呼ばれて次のような注意があった。「君はこれからメーカーの人たちとの付き合いが増える。彼等は日本を代表する会社に所属する人たちだ。それ相応のお付き合いをするように」という趣旨である。

これは先方の企業体の大小にかかわらず、とても大切なご注意だったと思っている。既述のとおり、発注者である甲側に立つ鉄道会社を就職先に選んだ自分自身の経験に照らして、ずしんと来た言葉だった。そのことには小生自身も全く同意見だったから、課長の趣旨には従ったつもりだが、あまりにもひどい時には、立場上、メーカーの人に対して相当にご託を並べたこともあった。

最初の失敗

メーカーから提出されたOK-11台車の軸はりばねの承認図面を見た時、とても柔らかな設計になっていた。枕ばねにはオイル・ダンパが併設してあるので、卒業設計のことを思い出し、「これは乗り心地がいいぞ」と思って承認（図面に「承認済」というゴム印を押し、その中にある枠内にまず自分の印を押し、課長に説明して印鑑をもらってメーカーに返却）したのだ。入団直後の若僧が製作を承認するのはおこがましかったが、そういう制度だったのだから仕方がない。

その後、台車と車体の図面とを組み合わせて、車体に対して台車がボギー（回転）し、左右に振れ、ばねが圧縮した時の検討図を書いてみたところ、ばねを全圧縮に近い状態にすると車輪のフランジが車体台わくのはりの一部に食い込むことが分かった。「さあ大変だ！」。そのままでは脱線に繋がりかねない。その結果、新車の時点から車体台わくを大幅に切り欠いて補強板を当てることになってしまった。先輩やメーカーの方々にご迷惑をかけたことは当然である。うーむ、残念。

また、当時は機械式のＡＴＳが使用されていたが、やはり軸ばねが全圧縮近くになった時、台車の前部にある基礎ブレーキ装置下部の引張り棒の先端が、軸箱下に付いていてＡＴＳの動作を司るトリップ・コックよりも先に軌道側のトレイン・ストッパに当たってしまい、正常に動作しない恐れがあることにも気がついた。「これはそのままでも大丈夫だよ」という多部先輩の話でそのままにしたが、ばねが全圧縮するほど撓《たわ》むことはないということだったのだろう。

その後の台車では、乗り心地を若干犠牲にしても振動付加荷重を十分に（30％程度）とった設計をお願いした。卒業論文の台車の設計は、台車のことだけを考えていたからダメだったのだ。何事もそれだけを考えていると失敗するという、いい教訓だった。

そうしたある日、また課長から呼ばれた。「今度の台車にはオイル・ダンパを使っているだろう。その構造と動作を説明してくれないか」。自席から断面図を持っていき、説明を始めた。最初はスムーズだったのだが、途中でよく分からなくなって詰まってしまったのだ。そこで、「何だ！　君は責任を持って仕事ができるのか！」と爆弾が落ちたのである。「メーカーを呼んで教えてもらえ！」。内心「ごもっとも」。

さっそくカヤバ工業に教えて欲しい旨の電話をした。おいでになったのは同社の坂本政明設計課長と担当者だった。詳しく教えていただいて再度課長に説明し「分かった」ということで一件落着とはなったのだが、ここでもまた卒論の追究の甘さが露呈してしまった。まったく残念至極。

この坂本さんとは、それから何十年後、思いもよらないところで再会することになった。音楽鑑賞趣味が高じて「日本ヨハン・シュトラウス協会」に加入した時、何と「日本ブラームス協会」の会員でもあった坂本さんがおられたのである。ブラームスとヨハン・シュトラウスとは仲がよかったということからだったのだろうか。再会を喜んだことは当然だ。どなたにもご経験がおありだろうが、世間は狭いということを実感した一コマだった。悪いことはできない。

若年本態性高血圧

最初のシュリーレン台車のウィング式軸ばねの断面は角形だった。コイルばねの断面は通常円形である。課長に呼ばれてその理由を調べるように指示されたことがある。『機械工学便覧』などを紐解いて応力計算などをしてみたが、当然のことながら丸形よりも不利になる。なぜだろうと、さらに考えた結果、構造寸法上、全圧縮時に案内筒のピストンが当たってしまわないよう、その高さを稼ぐためだろうということに気がついた。実際に計算してみると、丸形では具合が悪く、角形ならば条件を満たす寸法になっている。

課長に報告したところ「誰がそう言ったんだ」という質問が飛んできた。「自分で計算してみました」との答えに、かなり不満そうな顔つきだったので、また、なぜだろうと考え込んでしまった。どうも「調べろ」という指示は「メーカーに聞いてみろ」ということだったのではないかと気がついたのは大分経ってからのこと。後日、課長が設計会議に同席された時、同じ質問が直接メーカーの設計屋さんにあったからだ。

ユーザー設計というのはそういうものなんだと思い当たり、われながら血の巡りが悪いと思い至ったのである。その後は分かり切ったことでもメーカーに念を押すという習慣が身についた。もっとも、車両構造やその原理が次第に複雑化し、細分化されて、お恥ずかしいことながら、小生の頭のレベルでは理解しがたい水準に達した現実のほうが大きな理由だったというのが真実でもある。

生活環境の変化だったのか、失敗続きで自信を喪失したためだったのかは分からないが、軽いノイローゼ状態に陥り、気分がすぐれない日が続いた。皆さんがよくしてくださったお陰で元気にはなったものの、今でいう「ストレスに弱い性格」であることを悟った。しかし、これは生来の問題で、今さらどうしようもない。

これと前後して、若くてとても可愛らしい生命保険の女性勧誘員がやってきた。「イチコロ」で申し込んだのだが、「詳細な身体検査の必要があります」と告げられた。血圧が高いという理由だったのである。それは何とか解決して加入できたのだが、営団診療所で診察を受けた結果、若年本態性高血圧であることが分かり、降圧剤を服用することになった。これは現在までずっと続いている。その時、これが何十年後に大変なことになるとは知る由もなかった。心筋梗塞の発作である。

相次いだ台車のトラブル

営団では戦後初の新造車両として登場した1300形だったが、そのHA-18台車は軸箱下面にも亀裂が走った。これには当時、汽車会社の台車設計責任者だった渡邊静男さんも首を捻られた。さっそく、その箇所にワイヤ・ストレイン・ゲージ（電気的に荷重や応力を測定するためのピック・アップ）を貼って夜間試運転をすることになった。台車設計担当である小生も初めて夜間試運転に同乗したのである。

記録計に目を近づけていてびっくりしたのは、実に17g（重力加速度の17倍の衝撃荷重）という大きな数字が現れたことだった。想像を絶していたのである。これでは亀裂が発生するのが当然ということは、小生のような新米にも分かった。

当時、銀座線のレールには、直線・曲線を問わず波状摩耗があって、それによる車内騒音は物すごく、会話ができないほどだった。声が嗄れたものだ。コンクリート道床の硬さと、この波状摩耗が、軸箱をはじめ、台車わく全般に衝撃荷重を与えて亀裂の原因になっていることは明白だと思って意見具申したのだが、部内的に「そのことには触れるな」という雰囲気があって、メーカーの手によって補強工事が進められていったのである。

一体圧延車輪が日本に出回り始めたのは１９６０年代前半のことだったと記憶する。それ以前は輪心にタイヤを焼ばめするのが標準だった。タイヤだけを取り換えるほうが経済的だという古くからの理由だったのだろうが、その一方で、焼ばめしたタイヤが熱膨張して輪心の周りを回ってしまう、あるいは割損して脱線の原因になるという事故が少なくなかった。だからタイヤと輪心の側面に白線を引き、回ったことが一目で分かるようにマークがしてあった。

また、車軸が折れるという不幸な出来事も希には発生した。こういう事故は設計に無縁ではないから、現場に飛んでいったものだった。その後、車輪メーカーの設備も整い、次第に一体圧延車輪に切り替わっていった。車軸も、材料の均質化や、部分的に断面が変化する場所の隅Rを変更、磁気探傷技術の進歩などによって安定し、設計陣も枕を高くして寝られるようになったことはありがたかった。

ただし、一体圧延車輪になってからは騒音が高周波帯域にずれ、特にスラブ軌道区間でうるさく感じられるようになった気がしている。

ところで、入団後しばらくの間は路線名称を3号線、4号線などと呼んでいたことは前述のとおりだ。小生としてはそこに魅力を感じていたのだが、やはり、前者を銀座線、後者を丸ノ内線と呼称することになった。乗客への分かりやすさのためという理由だったから、部内的には○号線でいいのかと思っていたら、「これは正式名称だから、それはダメだ」と言われて、夢はついえた。

「検査」というもう一つの仕事

わが国にかぎらず、鉄道企業は鉄道の計画と運営を司り、車両メーカーや電機メーカーが具体設計と製作とを分担するのが世界共通の形態であることは前述のとおりである。車両の場合、交通企業体の車両設計部門がメーカーの専門部門と打合せを行ないながら計画や設計を進めていくことは、個人が注文住宅を建てる時の施主と建築会社や大工さんとの関係によく似ている。

設計打合せによって合意に達し、メーカーが作成する製作承認図面（実際の製作図面はもっと詳細を極める）に交通企業体側の承認印が捺印され、メーカー側に返却された後に、メーカーが製作に着手するというのが原則だ。しかし、これでは発注から車両完成までの工程が長くなってしまうので、お互いに若干は見切り発車する場合が多い。それに監督官庁の諸作業（当時は認可や行政指導）が絡むから、ことはそう簡単ではない。

こうして製作が進んでいき、以下のように、その要所要所でユーザー（鉄道側）の職員がメーカーの工場に検査に行くのが普通である。実際には事前にメーカーの社内検査は終わっており、この検査はユーザーの検査員が自分で検査するのが原則で、メーカーの検査員が立ち会う。また、性能検査などはメーカーの専門職の手で実施してもらい、ユーザーの検査員がそれに立ち会ってチェックをするという形式をとる。したがって、その名称は「立会検査」ということになっている。

(1) 車体の検査

車体の検査は、「台わく検査」「構体検査」「天井配線検査」「完成検査」の４種類だ。車体は６面体で構成されている。下部の基礎になる部分を「台わく」、側面を「側《がわ》かまえ」、前後面を「妻かまえ」と呼び、上を覆うのが「屋根」である。そしてこれらが組み上がったもの、つまり、骨組みに外板が貼られた６面体を「構体」と言っている。

ちなみに、骨組みと外板がすべて普通鋼だった時代には「鋼体」という文字を当てていたが、ステンレス鋼やアルミ合金材、合成樹脂などが普及して「構体」となった。

まず土台になる台わくが出来上がったところで、寸法はもちろんだが、通り（各部の長手方向の凹凸）、平面度、組立のための溶接やリベット、ボルトなどの不具合をチェックするのが「台わく検査」だ。不具合箇所が見つかれば、メーカーの検査課員が記録し、手直ししてもらうことになる。特に溶接の良否を見たり、ハンマーで打音検査をするためには、下に潜って半屈みになり、上向きに目を向けて這いずり回るので、とても苦しい。尾籠な話で恐縮だが、本当に痔になる恐れがある。真夏には汗だくになるから、工場用の大形扇風機で後ろから風を送ってもらったり、氷水の入った洗面器の上を通して冷気を送ってくださる場合もあったりした。慣れれば1両分約2時間強の検査だ。

材料や寸法などが間違っていたり、工作が難しくて変更したために承認図面と異なったりしている場合や（あらかじめ申し出があり、設計変更の手続きをしておくのが普通だが）、その場で設計不具合点に気づいた時は、検査途中や終了後、設計陣同士の相談になる。それはどの種類の検査でも同じである。

次の「構体検査」はいささか大変だ。車体の大きさに組み上がっているから、寸法、歪み、通り、平面度、全体の出来映え、溶接やリベット、ボルトなどの不具合などをチェックするには、高い場所に組まれた幅の狭い踏み板の上を移動しながらの作業にもなるし、屋根にも上らなければならない。床下にも潜る。単に上り下りするだけでなく、背丈より長く重い直線定規を持って振り回すこともあるから、相当な重労働になる。

構体完成後は内装工事に入るが、屋根裏には電気配線と空気配管が集中しており、天井板を貼ってしまうと見えなくなる。そのため屋根裏の配線配管工事が終わった時点で行なうのが「天井配線検査」だ。これは綿密に見て2時間、慣れてくれば1時間半というところか。

最後の「完成検査」は、すべての部品が取り付けられ、台車を装着して、車両として完全な姿になったところでの検査だし、各車両および編成としての動作試験、ならびに構内試運転線での試運転も含むから、神経も使い、時間もかかる。

営団の場合には、当時、「台わく」と「天井配線」は1名、「構体」は2名、「完成」は3名で1日1両ないし2両程度の工数が組まれていた。「完成検査」は編成検査になるので、1週間弱、泊まり込んだこともあったのである。

(2) 台車の検査

台車の検査は、「台車わく完成」時と、全体が出来上がって、車体メーカーへの発送前の「台車完成」の2回を原則としていたが、いずれも抜き取り検査だった。そして、設計や工程の打合せを兼ねて、時々は車輪やその他の部品を見せてもらう程度である。

「台車わく完成」は、寸法、特に要所の芯出し寸法（基本になる点の間の距離）と溶接のチェックだ。「台車完成」時には、全体のチェックと、心ざら相当部分に荷重をかけて、ばねの撓みによる各部の寸法測定と、当たるところ（ばねが撓んだ時、部品同士がぶつかる箇所）がないかどうかのチェックなどで、車体ほど複雑な検査ではない。台車は一種の機械だから、メーカーの手腕に任せざるを得ないということもあるし、それだけ製作管理が行き届いているとも言えるだろう。

（3）電機品の検査

これは「完成検査」が主になる。外観や外に出る配線はもちろん、既に箱に入っているので、蓋を開けて内部機器や配線のチェック、動作試験などだ。

主電動機と制御装置の組合せ試験は大がかりなもので、それぞれが試験室に定置されて配線で結ばれ、「高圧荷電中」の赤色灯が回るところでの立会試験にはいささか緊張が走る。しかし、自分で体を動かすことは少なく、動作に合わせて、それらの電圧計・電流計などの数値を眺めたり、説明を受けたり、疑問点の質疑応答が主体だ。電機品の場合も、初回は入念に行ない、後は抜き取りで簡単に済ませるのが習慣になっていた。

これらの検査の項目と内容は、国鉄の検査方法を参考にしたもので、恐らく、他私鉄でもほぼ同様に実施されていたのではないかと想像する。

新設計の場合は特に、また、増備車の時でも、最初の車両は、とかく工作的な間違いがあったり、設計の不具合点に気づくことがある。したがって営団では、1回の発注（1ロット）の各車両メーカーごとの最初の車両や部品の検査には、必ず設計部門のその部分の直接の設計担当者が行くことになっていた。両数が多い時、2回目以降は保守部門や現業にも応援を依頼する。このことは、普段はメーカーと直接の接触がない職員にとって、製作現場の見聞を広めると同時に、後々の意見交換やクレーム処理などの時に顔を合わせる必要が生じるために、非常に効果がある方法だったと感じている。

初めての関西出張

さて、入団当時、車体の立会検査は武藤芳太郎さんという国鉄の車両メーカー常駐検査官だった人が営団車両課で担当しておられた。入団した年の初夏の頃だったと記憶するが、宇田川車両課長から「行って覚えてこい」という主旨で、「台わく検査」を経験するために、武藤さんのお尻にくっついて、初めて近くのメーカーを訪れた。

ここで要点を教えてもらいながら、また、見よう見まねで検査の真似事をしてみたのである。小生は台車の設計担当だから、承認図面としては台車しか見ていなかったが、検査に出向くために、車体の承認図面を眺めたり、現場向けの教習資料を読む羽目になった。その後、構体検査の要領を一通り覚えて何回か同メーカーにお邪魔したが、まだまだ初心者の域を出てはいなかったのである。

ところが、秋になって、課長から「大体分かっただろうから、関西メーカーに一人で構体検査に行ってこい」という指示があった。入団後わずか半年、何しろ気が小さいほうだったから一人では心細く、不安な気持ちで駅からとぼとぼと歩いて先方の工場の門をくぐったのである。守衛さんに「営団から検査に来た」と言っても分からず、当方も戸惑った。電話であちこち問い合わせてくれた結果「あの建物の〇〇さんのところに行ってくれ」ということになったと記憶する。

つまり、メーカーを訪問する時の要領までは教えてもらっていなかったのだ。武藤さんはすでに「顔」だったから、守衛さんには「やあ！」で済み、つかつかと営業部の担当者のところにまっすぐに行っていた。初めての際は、日時が決まっていても、あらかじめ東京の営業に連絡し、工場に手配してもらう必要があるということまでは思いつかなかった。

その後の経験で、遠方のメーカーの守衛さんや現場の人たちには「営団」と言っても通じないことが分かった。「帝都」とか「東地下」で通っているメーカーが多かったのである。営団という名称が一般的になったのは、路線数が増えて東京の交通網に重要な役割を果たすようになったこともさることながら、その前に、私鉄総連のストライキのニュースで名を馳せたことのほうが大きかったような気がする。

さて、この初めての関西での構体検査は一生忘れられず、よい反省材料になった。昨今ではこのようなことはなくなったと思うが、それはこういうことだ。

構体の全体を眺めた時、隅柱が上下方向に直線状に通っておらず、膨らんでいるように見えたので、後ろについていた製造部門の現場監督のような人に、まっすぐにならないものかと尋ねた。「はい、承知しました。すぐ直します」と言われ、ほかの部分の検査をしている間に手直しが終わったらしく、「直ったので見て欲しい」とのこと。戻って見たところ、さあ大変！　直線状にはなったものの、バーナーで焙って、重い大ハンマーで叩いて直したから、柱の表面がデコボコになってしまっていた。

「里田さん、直せとおっしゃったから直しましたが、ここはこういう風になるんですよ。直せとはおっしゃらんほうがいいですねえ」と。「直せ」と言った覚えはなく、相談したわけだから、それなら最初からそう教えてくれればいいじゃないか、というのが小生の言い分だったのだが、「なるほど！」と感心してみせ、心の中で「この野郎！」と思ったのである。その代わり一度で覚えることができた。

翌年、同じ検査で同社を訪れた時、同じ人が「随分お慣れになりましたね。あちこち回られましたか？」だと！「新米をいじめてやろう」というムードがありありと感じられたのだった。こうなると、課長の言った一流企業もへったくれもないものだ。

この会社では、それまでにも、台車設計担当者と電話で打ち合わせている際、先方の課長が、後ろから「ああ言え、こう言ってみろ」と、小生に難題を吹っ掛ける指示をしているのが聞こえたことがあったのだ。会社ぐるみの新米いじめ精神がみなぎっていたのか、その人たちの根性が曲がっていたのかは、今もって分からない。

それから2年ほど経って同社の完成検査に行った時、図面どおりに出来ていないところが驚くほど多かったり、室内調度品のメッキがよくのっておらず、そのほとんどが地肌の真鍮《しんちゅう》が透けて見えるようになっていたり、そのほか不具合箇所が非常に多かったので、本当に呆れてしまい、それらを全箇所指摘し、車体内装をばらばらにするくらいに直してもらったことがある。それが何十両の単位だったから、さぞ大変だっただろう。

もっとも、あまりにも大ごとだったので、同社の設計課長さんは東京の営団まで説明と謝りに行かれた。そして小生は上司の多部さんに電話連絡して関西まで来てもらい、最終判断を仰いだのである。多部さんも「これはひどい！」と驚いたのを覚えている。

この時、同社の検査課の現場実務の年配責任者から「里田さん、よう指摘してくださいました。私ら社内検査がなんぼ言うても、製造部が聞きまへんのや。おおきに、ありがとうございました」と、車内の床にへたばるように座り込んで感謝されたのが、昨日のことのように思い出される。メーカーの内部も大変なのだということがよく分かった。

その後はこういう問題に遭遇することはなくなったし、そのメーカーとは親しくお付き合いをした。人が代わったからなのか、時代の変化なのか、それとも時の女神が微笑んでくださったのか。

なお、この初めての関西出張の折に、課長から「酒はいくら飲んでも構わんが、金と女はダメだよ」という注意があった。なるほど、検査に行くということは、先方との会食もあれば、いろいろな誘惑があるものなのだなと感じ入ったものである。

球面ころ軸受の電蝕

銀座線では、１５００形以降の台車には、営団では初めて球面ころ軸受が採用された。その自動調心性を利用して急曲線の通過性を向上するために発案されたということだった。銀座線には、上野駅に半径90メートルの曲線、上野車両基地（当時は「車庫」と呼んでいた）の中に60メートルの渡り線があったからである。

ところがその球面ころ軸受に電蝕が発生した。「ころ」の表面に電流によって生じたと思われるぶつぶつとした深いキズが、また「ころ」が転がる内外輪には洗濯板状の凹凸が生じたのである。軽い異音が聞こえたために、工場で分解して発見されたと記憶している。原因が分からず、軸受メーカーの担当者が、ほとんど日参のように無償で新品を担いで来場、不良品を引き取っていった。小生も、現場の職員たちやメーカーの担当者との意見交換と原因追究のために、連日、渋谷工場に通ったことを覚えている。しかし、なかなかその全容がつかめず、関係各メーカーからも確たる回答が得られなかった。

この形式の電車を走らせるための主回路電流は、集電装置から電線の中を流れ、制御装置を経て釣掛け式主電動機を回転させた後、車体を経て主電動機外枠にアースされ、その一端が車軸に載っている平軸受を通って車軸・車輪からレールに帰っていく。

この電気抵抗が小さければ問題ないのだろうが、それと並行して、車体から心ざらや枕はり、金属ばねなどを通って軸箱へ、さらに主軸受を経て車軸に流れる回路が構成されるのではないか、という極めて単純な推定にようやく到達した。「そんなことは当たり前だ。前から分かっている！」ということだったのかもしれないが、残念ながら、新米の小生は知らなかったし、先輩たちにも分からなかったのだから仕方がない。同業他社と、故障や事故原因の共有化が進んでいなかった時代だ。

リンク式台車は金属コイル製のウィング式軸ばねを通って主軸受に至る一方、円筒案内式台車は金属製軸ばねには防振ゴムが敷かれていたから、その通り道は遮断されるが、軸箱案内装置を通って主軸受けに達していたのだ。そのため案内ピストンとシリンダに筋状の溝が出来てしまっていた。

そこで、前者のリンク式は、狭いスペースに収まっている軸ばねの下部に、2枚の薄い鋼板の間に薄いゴム板を挟んだゴム・サンドイッチの座を挿入して電流を遮断することにし、試作品を作ってテストした結果、電蝕はピタリととまった。また、円筒案内式はピストンの材質を合成樹脂に変更して収まったのである。やれやれだ。そしてそれらの方法を次の新車の台車から採用することにした。

ついでながら、この時の軸受メーカーの努力とサービスによって、その後の主軸受はかなりの長期間、全数を同社が担当することになった。この問題に限らず、メーカーの努力とサービスに対して、ユーザーはそれなりに報いる必要があると思う。高度な受注生産の場合、いわゆる癒着がない程度に、持ちつ持たれつの関係がどうしても必要になってしまうのではないかというのが、小生の率直な感想である。

これに関連して、最近のようにすべてを公開入札で低価格がよいという風潮には若干の（とても）疑問を感じる。ユーザーは製品を造った経験がなく、メーカーには使った経験がない。造ったり、工事を行なった経験がない者に、完全無欠な仕様書が書けるだろうか。本当に正確な積算が可能なのだろうか？　そうするためには膨大な人員を抱えるか（それでも本当のところは分からないと思う）、自分で製造工場を持って経験を積む必要があるだろう。さもなければ、ユーザーはメーカーや工事業者に教えを乞わざるを得ないのではないか。この問題は、むしろ癒着などの人間性やモラルの問題が根源だと思うのだが、どうだろう。

それに、公開入札制度では、低廉化する可能性がある半面、見積に参加する各業者が個々に設計しなければならないから、失注のリスクを考慮して、その設計費や営業費、経費などを過分に上乗せされないか。談合も絶えることなく繰り返されるだろう。

それにも増して大きな問題は、個人向けのものについてさえ、流通経路が何重にも何層にもなっており、それががんじがらめになっているわが国の商習慣だ。非常に複雑怪奇な構造なので、現在でも日常のいろいろな問題で毎度悩まされ続けている。この問題を早急に一新して欲しいものだと感じるのである。

台車の完成検査

さて、ゴム・サンドイッチを挟む設計変更をしたリンク式台車の最初のロットの検査には、設計担当者である小生が赴くことになった。ところが、メーカーの完成台車が並んでいる現場に行ってみると、驚いたことに、肝心のゴム・サンドの座が付いていないのである。

「どうしたんだろう?」

検査課の人は「知らない」と言う。

「変だなあ」とすったもんだのあげく、新しい部品が取り付くよう設計変更されたらしいということが、ようやく分かったようで、「倉庫を探してきます」ということになった。息を切らして帰ってきて「ありました！　これですか」と。

通常、台車や電機品はまず不具合がないのが普通だから、それらを車体に組み込む車両メーカーへの出荷予定は検査の翌朝だ。「さあ、どうするか」。軸ばね下に挿入される部品だから、台車をバラバラに分解する必要がある。メーカー側からは「取りあえずこのまま出荷して、後日、営団の工場に納入されてから挿入させて欲しい」という要望があった。今回の車両の使用開始まで期間が短いことは承知していたのだが、念のため営団の工場に直接、電話して相談してみたところ、やはり「ほかの搬入車両とも錯綜するので、台車をばらすスペースがない」という答えが返ってきた。「仕方ありません。今夜徹夜でやります」ということで大団円となったのである。しかし、この話にはまだ続きがある。

真っ暗になるほど現場で遅くなったので、まず手近なトイレットに行った。あとから入ってきた現場の二人連れの一人が、こうのたもうたのだ。「帝都から来たあのおっさん、えらいこと言いよりまんねん。今夜は徹夜でっせ」と。これにはいささか驚いた。一瞬、「そのおっさん、わしでんねん」と言ってぬっと顔を出したらどうなるだろうと吹き出しそうになったのだが、ぐっとこらえてそっと退散したのである。「壁に耳あり」とはよく言ったものだと、この時ほど感じ入ったことはない。

翌朝、関係者全員が一堂に会した結果、設計から製造にも検査にも図面が出図されていないことが分かった。顔馴染みで親しくさせていただいていた先輩設計屋さんは現場から吊し上げられていたが、当方としては如何ともしがたい。どこでも、何でも、横の連絡を忘れると大ごとになるぞという教訓だった。

セクショナリズムが蔓延しているとは思えない民間企業体でも、組織が肥大化すれば、このような事態発生の恐れがある。誰も気づかず、機能しなければ、場合によっては莫大な損害が生じるという可能性を秘めているだろう。

このことがあって以来、電車の中などで仕事の話をするのはできるだけ避けることにした。「壁に耳あり」だからだ。どうしても必要な場合には、営団名・線名・車両形式・メーカー名・個人名などの固有名詞は出さずに、主語を省いたりして、周囲の人に聞こえても分からないように気をつけたのである。まあ、いつも机を並べている仲間なら、それで十分意思疎通が図れたわけだ。

一方、何事も明け透けに言われる性格の先輩からの電車の中での議論や質問には辟易したものだ。「後でご説明」とか「明日に」とかで逃げたり、生返事をしたりしてごまかすより仕方がない。隣にいる人が監督官庁の方かもしれないし、商売敵かもしれない。「壁に耳あり」というあの言葉が、いつも脳の片隅でうごめいていたのである。

こうして、この出張は、小生にとって、2つのことを現実に学んだという大きな収穫があった。それにもかかわらず、後年、小生も同じような連絡ミスを犯すことになる。

長距離出張時の車内風景

営団の出張手当は、実費精算ではなく、たとえば仕事量が1日分の時、中京圏や関西圏は3日間の日程で、宿泊費と日当は決まっていた。もちろん、技手補、技手、技師補……と身分によって異なったが、当時は技師になると、運賃・料金は2等（現・グリーン車）が支給された。安いホテルに泊まっても、3等で往復しても構わなかったので、なまじの「ステータス」などには全くこだわらない営団の連中は誰でも、生え抜きの理事（役員）でさえ、われわれと一緒に平気で3等を利用、会話が弾んだものだった。この会話の中で、先輩の経験談や抱負などを聞くことができ、大いに参考になったのである。

出張は、初日は通常に営団に出勤して、往路は夜行列車利用、翌日が仕事、3日目は自由で出社不要という不文律があったから、帰途は浮いたお金で、ビール・酒・おつまみ・弁当などをしこたま買って乗り込み、東京まで飲み続けて「出来上がってしまう」という体たらくのことが多かった。だから長道中の会話でお互いに本音が出たとも言える。戦時中に廃止された食堂車が復活してからは、そこで粘りに粘ったものだ。

われわれ鉄道屋は、通勤や出張にクルマを使うという習慣は全くないと言っていい。小生夫婦は車の運転免許さえ持ったことがない。自宅が駅から近いということもあるが、事故・省エネ・排気ガス・経済性などを考えてのことだ。病気の時や、旅先でバスの便のないところに行くのにはタクシーを使う。子供も抱いて連れて行った。

一人で出張の時はもちろん、同僚や後輩などと一緒に出張した際は小生に付き合ってもらい、昼過ぎまで彼地の電車を乗り回して、乗り心地を味わったり、デザインや細部の出来映えを観察したり、あるいは近鉄経由で帰京したりした。中京圏からは名古屋鉄道で豊橋を経て国鉄飯田線を、そのほか中央西線や身延線などを使って帰京することもあった。金曜日で終わる時などには土日を利用して、かなり遠方まで足を伸ばしたこともある。

しかし、新幹線が開業して以来、日程が短縮され、そういうことが全くできなくなったのはほかの企業と同様だ。出張の楽しみが半減したのはともかく、彼地の新形式電車の視察時間がなくなってしまったことも事実である。これは痛かった。

また、往路の夜行列車も時代とともに変化してきた。入団した当時は、向かい合わせの3等座席車（スハ42や43形あたりか）の二人分を占領し、エビのようになって寝ていった。混んでくれば起き上がって普通に腰掛けるのだが、乗客一同、通常は終点までそのままで、目が覚める時間帯には洗面所に行列ができたものだ。これは相当な難行で身体中が痛くなったが、多少なりとも寝られたので、その意味ではやや楽だったのである。

次の世代の3等寝台車（ナハネ10形とか）は、最初の頃は下段を指定したものだが、結局、一番安い最上段が、台車のビビリ振動が直接伝わってこない、円屋根の天井のために上下方向のスペースが広い、かつ一番遅くまで寝ていられるなどの長所があり、梯子を登り降りする不便さや左右動揺を考慮しても、よりメリットが大きかった。

後に日立製作所の山口県・笠戸工場にお邪魔するようになった頃、ちょうどブルー・トレイン「あさかぜ」の新車が登場した。この客車は空気ばね台車の横方向が弱かったので、編成の末端近くのナハネ20形などに乗った時には、曲線通過時、食堂車までの長丁場がきつかったが、発車と同時に駆け込んで夕食を楽しんだ。朝食も選択注文して一品ずつ運んでくる様式だったので、ホテル気分が味わえたのである。この優雅なひと時も、新幹線によって奪われることになったのは、誠に寂しいかぎりだった。

新造車両の公式試運転

入団後間もなくの頃だっただろうか。銀座線の新車の夜間試運転に乗ることになった。渋谷～浅草間を往復してから、上野広小路～神田間の直線平坦区間でブレーキ距離を測定するのが主目的である。ブレーキをかける地点はほぼ決まっているが、手前から加速していき、最高時速55キロに達した時、全ブレーキや非常ブレーキをかけて停止位置までの距離を測定する。開けてある側出入口付近の車内の床に座っている職員がブレーキをかけた瞬間に砂袋を落とす。一方、ブレーキ開始地点と停車点辺りに、巻尺の両端を持った二人の車両現業職員が待機しており、ブレーキ距離を測るというすこぶる原始的な方法だった。

当初は見学がてらだったが、要領を覚え、やがて立案と当日の指揮（単なる合図者にすぎないのだが）をすることになった。運転台の脇に立って「この辺から起動しましょうか」と運転士に相談する。運転士も心得たもので、ブレーキ開始地点で最高時速の55キロが出るかどうかを踏んでいる。「ノッチ・オン！」だったか「起動！」だったかは忘れたが、とにかく叫ぶ。そして55キロになり、予定の地点辺りで「ブレーキ！」とまた叫んで、停車すると、地上の職員からブレーキ距離を聞き、課長に報告に行く、という案配だ。

その頃はのんびりしたもので、車内にアルコール類と弁当類を持ち込み、休憩をとって飲み食いするという習慣だった。課長たちは、車両・電機メーカーの年配のお偉方が取り囲んで、早くから聞こし召していたので、新米が報告に行く時はちょっと緊張したものだ。

地下鉄は「夏涼しくて冬暖かい」という謳い文句だったから（実際にそうだった）、ヒータが付いていなかった。だから、冬は火鉢も持ち込んで、やかんで日本酒のお燗をしていた。小生はどうもこの習慣に馴染めなかったので、全体の責任者になった時をもって打ち切り、軽い夜食にした記憶がある。特に反対もなかったから、人びとの感性も変わったのだろう。

現在のように新造車両数も増え、発達した電子技術、いや、エレクトロニクスの時代では考えられもしないだろうが、当時の数少ない新車の夜間試運転は車両関係職員にとっての一大事であり、また一種の祝典劇だったのである。

入団試験問題の作成と採点

入団した翌年の秋、課長から「機械工学科の学卒入団試験問題を作ってくれ」というお達しがあった。「こんな新米でいいの？」と思ったのだが、まあ考えようと取りかかった。自分の時のことを思い出して、１題だけは捻った問題にしようと思う。それはＯＫ台車を担当した時に何とか漕ぎ着けたばね定数値の計算方法だ。

つまり、軸はりの途中に位置する軸はりばねのばね定数が、軸箱上にある時に対して、「軸はりピンからの距離の２乗に反比例することを証明せよ」というような類のことだった。そのほかの出題は忘れてしまった。

試験が終わった頃、今度は「採点してこい」と言われる。採点の密室に行ってみると、ほかの技術系の電気、工務、建設などの部からの採点者は全員が課長だったから、隅のほうで小さくなってチェックした。機械出身数人の受験者の中でこの問題の正解は一人だけ。ほかの人は白紙だったので、とても印象に残っている。その一人が後輩第一号の松永健市郎君だった。

その後も何年かやらされたので、そのつど、他部の課長方やご同輩と顔馴染みになって、仕事上でのご相談やお願いに行きやすくなったことは確かである。

さて、その後も、銀座線１６００形、１７００形、丸ノ内線４００形の台車の設計担当を続けており、小石川車両工場にもよく出入りするようになった。しかし、実務上はさしたる変化や意表を突くような面白いこともなかったと思うので、転勤先の現業部門での想い出話に転じさせていただくことにしよう。

渋谷車両工場への転勤

１９５６（昭和31）年秋、入団2年半目に渋谷車両工場に転勤になった。当時の現業機関は、銀座線に上野車両工場と渋谷車両工場の2カ所と、丸ノ内線に小石川車両工場の1カ所、合計3カ所だけだった。検車作業もその中で行なわれていたのである。

渋谷には１５００形と１７００形が所属していたから、今度は自分で設計を担当した台車をはじめ、多くの車両を保守することになる。それらの台車がどうだろう？という期待と不安、それに、幅広い現業の人たちに溶け込めるかどうかという不安が入り交じった。

当時の営団車両部の現業職員の大部分は、既に癖のない紳士揃いだったが、それでもいささか古めかしい人もいて、「1升ぶらさげてこい」という意味のことを言われたものだ。まだ「引っ越しそば」という風習が残っており、「献酬《けんしゅう》」（宴会で盃のやりとりをすること）もまだ普通で、「俺の注いだ酒が飲めないのか！」というような人もいた時代だったから、さして驚くには当たらない。

石井仙吉工場長の下、松井松男助役について、技術掛としてもろもろの仕事と勉強をすることになった。最初は伝票類の整理だったが、初めての仕事らしい仕事は、それまで付いていなかった客室出入口部の握り棒の設計・見積・発注・検査、取付けの設計と工事監督だった。

日本車輌で落成直後の銀座線1700形。銀座線5両編成化のために1956（昭和31）年9月に増備された形式で、1701～1718の18両が新製された。構造は1600形1685以降と同様だが、台車がFS-23に変更されている

次いで、車体から台車を引き出した後に履かせる仮台車の設計と発注・検査が続いた。この時は、強度計算はもちろんだが、心ざらと側受の寸法に気を使った覚えがある。車体と台車の側受の間の隙間が大きすぎると、車体が傾いて転覆する恐れがあるからだ。完成して車体を載せた状態を見た工場長に「ピタッとできているね！」と誉められたのだが、それまではもう少し大ざっぱだったらしい。

これらは小さなことながらも、自分で調査し、自分で図面を引く仕事だったから、なお一層、面白かったと記憶している。

台車の不具合

自分で設計を担当した台車に、やっぱり新しい不具合箇所が出てきた。その一つは異音だ。運転

士や車掌から所属区を通じて「時々、ゴッツン、ゴトンという音が台車付近から聞こえる」との報告があった。当時は試運転が簡単に出来たので、昼間の閑散時に合間を縫って何往復もし、トラップ・ドア（床面にある主電動機点検用のあげ蓋）を開けて首を突っ込んで見たり、手を伸ばしてあちらこちらと触ってみたりした。

そのうち曲線の出入り部で台車がボギーする時、車体と台車の側受の接触部が滑らかに動かず、ガタッとなることが触感と音で分かった。

この台車の設計当時は側受支持方式導入の始まりで、１００％か０％にするという方針の下、心ざらライナーを抜いて１００％側受支持にしたのがたたり、荷重が大きくて滑りが悪かったのだ。車体荷重の80％程度は心ざらで受け、残りの20％ほどを側受に分担させるという常識を知らなかったというお粗末。当分の間、側受にグリースを塗って切り抜け、結局、恒久的な潤滑性向上のため、台車側の耐摩レジン製側受に炭素円盤を埋め込むことにして収まったと記憶する。メーカーもちょっと教えてくれればいいものをと思った。

もう一つが、一体鋳鋼を得意とするメーカーの初めての切り板溶接構造台車わくの亀裂だった。検車担当の目視検査で見つかると、工場に入れて車体を上げ、台車を引き出して溶接修理を施す。荷重がかかったまま溶接したのでは具合が悪いから仕方がなかった。その技術的問題の解明と、手配の折衝に相当な時間を費やした。それでもなかなか収まらず、結局、この切り板構造の台車わくを諦めて、コの字形の板曲げ鋼板を、もなかのように上下で溶接組立した構造の台車わくに全数交換することになった。

この亀裂の原因には、レールの波状摩耗の影響もあったと思われるし、溶接技術の不足もあっただろうが、一番の原因は焼鈍《やきなま》し処理の問題が大きかったのではないかと今でも想像している。その理由は、同時期に採用した同じ切り板溶接構造の台車わくでも、スイスの技術を採用した台車では、端はり１カ所の亀裂が１回だけで済んだからである。その修理は、台車を引き出して亀裂箇所を溶接後、藁を燃やした灰を布でくるんだものを巻き付け、ゆっくりと温度を下げる簡単な焼鈍し方法だったが、再び発生することはなかったのだ。

こうして、小生が渋谷車両工場に勤務している間にも、銀座線・丸ノ内線では車両の増備に増備を重ねて輸送需要の増加に対応しており、１９５７（昭和32）年当初には、銀座線の大規模な輸送力増強計画が決定していた。

さらに重要なことは、国として、将来を見据えた東京地域の都市交通網の整備・発展に関する数々の動きが進んでいたのである。

第3章　日比谷線3000系の開発

再び本社車両課車両設計へ

渋谷車両工場で約1年半の忙しかったが楽しい勤務の後、1958（昭和33）年2月1日、再び元の本社車両課に戻った。お世話になった石井仙吉工場長は「検車で循環交代勤務（早朝深夜の出入庫も扱う泊まり勤務）も経験させたかった」と感想を述べられたが、確かにそうだったという感じもする。

当時の車両課は、木村康雄さん、荻原茂美さん、吉岡宏君、松永健市郎君などという若干の先輩や後輩の車体とぎ装の担当や、電機部品担当の後輩・望月政一君、刈田威彦君が顔を揃えて強化されていたとは言え、車両増備に次ぐ増備に加え、製作を依頼するメーカーの数も増えると同時に、日比谷線の新設計車両、特に営団としては初めての相互直通運転の打合せなど、仕事量が飛躍的に増加していたのである。

小生が渋谷車両工場に勤務していた間に、東京の公共交通問題は大きな進展を遂げていた。すなわち、1948（昭23）年以降、各私鉄や東京都から提出されていた都心に向かう路線免許申請を整理し、地下鉄網の基本計画を策定するために、1955（昭和30）年、運輸省の諮問機関である都市交通審議会が設置され、翌1956（昭和31）年には、1975（昭和50）年を整備目標とする都市計画高速鉄道網の第1号答申が告示されていたのである。

この答申に基づいて、営団は日比谷線を建設し、東武鉄道・東京急行電鉄と相互直通運転を行なうことが決まっていた。小生が車両課に着任した時には、それらの打合せがほぼ終了して3社の間で車両基本仕様の覚書が交換され、すでに営団車両の計画案が決定したところだった。したがって新たに投入する3000系の基本計画策定には参画せず、設計の途中から関与することになった。出戻り後の仕事内容は、原則的にはやはり新造車両の台車設計担当だったが、同時に車体設計も手伝うようにという指示があった。当面は木村さんの承認図面チェックのお裾分けと、遊軍的に課長や多部さんから断片的に飛んでくる仕事をこなすことである。

当時、車両課設計のテーブル（「島」と呼んでいた）では、日比谷線の全く新しい3000系車両のほか、銀座線では初めて両開き引戸の出入口を備えた1800形、ならびに、車体はそれと同一形状だが、丸ノ内線と同様にWN駆動方式とした1900形、また、丸ノ内線用の500形増備車の設計の真っ最中だったと記憶する。1900形はわずか2両ではあったが、その後に見込まれる大量の銀座線用増備車2000形の先行試作的な意味があったようで、WN駆動を採用して台車構造が変わり、営団では初めてレジン制輪子を試用することになっていた。

入団当初と同様、多部さんという後ろ盾はおられたにせよ、しばらくして、台車ばかりでなく、正式に車体も担当することになって、小生自身も非常に忙しくなっていった。小生在職中はずっと随意契約方式で、台車は住友金属1社になっていたが、車体は、従来の汽車会社、東急車輛、日本車輛、近畿車輛、帝国車輛、川崎車輛、日立笠戸に加えて、2000形になると富士重にも発注され、木村さんが転出された後、車体8社と台車1社、合計9社を実質一人で対応することになったのである。

車体については、原則的に8社と営団の共同設計という形をとっていたものの、各社の主張、生産技術の特徴などによって、見えない部分でかなりばらばらな設計となり、各社から一斉に細部に至る承認図面が提出されたから、その枚数は膨大なものになり、そのチェックと各社の横通しのために、しばらくの間は月に100時間を超える残業となった。

特に記憶に残っているのは日立の図面で、会議用の大きなテーブルに広げてもまだはみ出すくらいに幅が広いものが多く、動物園の熊のように、右往左往しながら、寸法や、他の部品との組合せ、他社の図面との比較、台車や電気機器の取付け寸法関連のチェック、はたまた、以前に大失敗した台車を動かした時の当たりなど、いくら見てもきりがなく、永遠に終わりがないのではないかとさえ思ったくらいだった。また、初めて参加したメーカーの図面には細心の注意を払わなければならなかったのは当然である。

このような日常的な仕事についてはさておくとして、１９５８（昭和33）年の出戻り後から、１９６２（昭和37）年に再び仕事が変わるまでの４年半強の間の出来事の記憶を、ほぼ時系列的に、何とか呼び覚ましてみることにしよう。

銀座線１８００形の荷物棚事件

混雑が激しくなってきて、ピーク時に、立客が後ろから押されて座席客に倒れかかったり、窓ガラスに手をついて怪我をするという事故が頻発するようになり、荷物棚の前に掴み棒を付けることになった。みんなで何種類かの太さのステンレス・クラッド管（普通鋼製のパイプにステンレス鋼の薄板を被せた管。純粋のステンレス鋼管より低廉）を握ってみて、この辺がよかろうということで直径が決められたような気がする。

その新車が完成して営業運転に入った朝、「大変だ、大変だ」というざわめきが聞こえてきた。「何ごと？」と訝ったのだが、その理由を聞いて「なるほど！　わーっ、それは大変だ」と思ったのである。

戸袋部のみに荷物棚がある1700形の車内。1000形以来、営団の車両には荷物棚がなかったが、1949（昭和24）年製の1300形で初めて戸袋部に荷物棚が設けられ、500形初期車と1900形まで、このスタイルが踏襲された。吊り手はFRP一体成型

東京地下鉄道時代から、間接照明の灯具の位置が邪魔になったことと、それ以上に「短距離輸送なのだから、荷物棚はなくてもよい」という最初の思想が踏襲されており、当時の営団車両の荷物棚は戸袋窓の上に短いものが設けてあるだけだった。この短い荷物棚を結んで、両戸袋窓間全長に掴み棒だけを通したのである。荷物棚は掴み棒で隠れる位置になるので、乗客はそれも全長にあるものと思い、鞄を荷物棚があるべき位置に投げ上げたのだそうだ。ところがそこは荷物棚がない場所だったので、座席客の頭の上にドスンと落下したのだという。

後から考えれば当たり前のことなのだが、設計の時にも、出来上がってからも、誰もそこまで気が回らなかったのである。うかつだった。掴み棒も荷物棚もスタンション（座席端の仕切り）と一

体になった新設計の構造だったから、部品手配と、一度外して改造し、また取り付けるという作業は大変だっただろう。乗客へのお詫びもそれ以上に大ごとだったに違いない。連帯責任を感じる大事件だった。

レジン制輪子の試運転

銀座線の１９００形の1両にレジン制輪子が初めて試用されたことは前述のとおりである。空気ブレーキが主体だった当時としては、大げさに言えば画期的なことだった。新車の受取公式試運転で性能の確認は出来ていたが、副次的に車輪の踏面《とうめん》が平滑化され、騒音が低減した。

連結した他車の騒音の影響なしに、１両だけの試運転で全線を乗ってみて、自分の耳で騒音低減効果を確かめたいと思い、試運転を出してもらうよう車両所属の上野検車区に電話した。「いいですよ。何時にしますか？　上野の駅で里田さんを拾いますから。関係の箇所にはこちらから連絡しておきます」との返事。約束の時間に上野駅のホームに行き、到着した1両の試運転電車に乗って、一人で銀座線を1往復、実際にこの耳で聴いてみたのである。のんびりした時代だった。

その後はそんなことは出来なくなった。ダイヤが密になったために昼間の試運転は不可能に近くなったこと、1両で運転した時に制御器が故障したら営業列車に支障を来すということなどもさることながら、組織が大きくなって、全体に「がんじがらめ」になったことも大きいだろう。

当時は会議など開かなくても、廊下ですれ違った時に口頭で伝えれば間違いなく事が運んだのだから、何でもやることが早かったのである。

また、この車両が渋谷検車区に転籍になった時、レジン制輪子の特性の説明に行った。材質や構造とともに、従来の鋳鉄制輪子が停止間際に摩擦係数が急激に上昇するのに対し、今回のものはフラットな特性なので、停止直前にブレーキ・ハンドルを緩めないよう、取扱いに注意して欲しいと伝えることが主眼の一つだった。

ベテランの職員に構内を転がしてもらった時、小生は車体床の主電動機点検蓋を開けて片足を主電動機の上に乗せ、平滑化された車輪踏面による滑らかな振動を体験していた。ところがブレーキ操作を誤って車止めに衝突したため転倒したのである。幸い車両に損傷もなく、小生も大きな怪我はしなかったのは幸いだった。

しかし、何ごとにつけ、新しいものに対しては口を酸っぱくして充分な説明をしたり、書いたものを渡さなければいけないという教訓だったと反省している。

銀座線2000形と空気ばね台車

1959（昭和34）年に登場した2000形は、1900形が両運転台だったものを片運転台とし、背中合わせに連結して使用する方法がとられた。その設計の頃には、既に他社では、電動

近畿車輛で落成した銀座線2000形

車を２両で１ユニットとしたＭＭ'方式が登場していたと記憶するが、当時、営団では極力動力分散を図るために、そのシステムは採用しないと聞いたような気がする。
　前述のように、台車の設計もさることながら、車体メーカーの数が多かったために目が回るように忙しかったことと、大幅な設計変更がなかったせいか、２０００形や５００形設計全体のはっきりした記憶がない。その時期に、２０００形に空気ばね台車を導入するという方針が打ち出され、もっぱらこれに取りかかったことが印象深い。
　空気ばね台車は初めての経験だし、新しい方式だったために詳しい資料がなかったので、メーカーの設計陣と研究陣に教えてもらうことになった。たとえ空気ばねの詳細な理論や設計の手段が発表されていたとしても、とてもそれを勉強するなどという頭も時間もなかっただろう。残念ながら、そこがユーザー設計の弱みであり、泣きどころだということが分かった。それだけに、メーカーの技術者には突っ込んで考えてもらうことを

2000形に装着された営団初の空気ばね台車FS-331台車。枕ばねに空気ばねベローズを採用した方式で、1960（昭和35）年１月に増備された2029・2030の2両に取り付けられて試験使用された。その結果、同年10月に増備された2045以降の2000形は、すべてこの台車が使用されることになった

お願いしなければならない。

さて、台車メーカーから推薦された空気ばねは、ゴム・ベローズに螺旋状の鋼製ばねをはめ込んだ方式で、２０００形2両に試用した結果、ビビリ振動がなくなって乗り心地はよく、騒音も低減したので、次の発注分と日比谷線３０００系に全面的に採用することになった。騒音の低減は、台車から発生する直接の空気音だけではなく、車体への振動伝達が遮断できる結果の固体音も小さくなる二重の効果があった。

空気ばねそのものは、当初、変形を生じたり、細かい不具合が発生、その原因の一つが、ゴムを成形する時、間に挟んで熱処理するナイロンの網目の角度だと聞いた覚えがある。その後、従来形の揺れ枕吊り式の枕ばねとして単純な形状になり、さらに東西線の車両からはダイアフラム式に進化していった。

銀座線に採用した時に若干躊躇されたのは、コイルばねに比較して空気ばねの直径が大きいために台車幅が広くなり、車体幅と同程度にせざるを得ず、図面上の検討では問題はなかったものの、それが何らかの悪影響を及ぼすのではないか、ということだったのだが、杞憂に終わったのは幸いだった。

弾性車輪のテスト

１９５０年代の前半、衰退の道をたどりつつあったわが国の路面電車に、海外では以前から常識になっていた弾性車輪（輪心とタイヤの間にゴムを介在させたもの）が導入された。その騒音低減効果はすばらしく、後ろから走ってくるのが分からないくらい静かだった。東京はもちろん、名古屋や大阪に出張した時にも乗り比べてみたものだ。

余談だが、車内の振動や騒音の感じを掴むのには自分で乗ってみるのにかぎる。最近はどうしているのかは知らないが、小生が担当当時、よく目にした測定結果を整理したグラフでは実感が分からない。もしその乗車体験の機会がないのなら、振動加速度を記録したままの連続波形（チャート）を見たほうがよいと感じていた。

その弾性車輪を丸ノ内線で２回テストしたことがある。１回目は１９５８年（昭和33年）だったと記憶する。効果を期待してのことだったのだが、騒音は２デシベル程度の低減で、耳では差を感じなかった。振動にいたっては、一晩留置しただけで、弾性車輪のゴムにわずかだが永久ひずみを生じ、翌朝出庫のために起動させると、上下に揺すられるような感じだった。走り出してしばらくすると正常に戻るのだ。

そのうえ、アースをとった撓み銅線がずたずたにちぎれてしまい、数日間のテストで幕を下ろしたのである。路面電車は軽量で速度も低いから効果が大きいということなのだろう。数年前、ドイツ鉄道が誇る超特急ＩＣＥの弾性車輪が時速２００キロ走行時に破断して、跨線橋に激突したのも同じような理由だったのかもしれない。

2度目は、大分後になって騒音振動の公害問題が大きく取り上げられる世の中になった頃だった。弾性車輪を用いた車両では、軌道から外部に伝播しやすい63ヘルツ成分の低周波公害振動がなくなっているというデータが、後述の騒音振動対策研究会で外部委員から発表された。それは他の地下鉄のデータではあったが、比較的小形車両での測定結果だったので、その後の進歩によって重量車両でも有効なのかどうかを知るためのネガティヴな目的で発案したものだ。

結果は、前回の構造的な問題は完全に解消されていたし、外部への低周波振動はある程度減少していたのだが、全体の騒音振動低減には、効果がほとんど認められなかったのである。

乗客詰込み実験

車両の定員は決められていたが、詰め込めば実際に何人のお客さんが乗れるかという実験を行なったことがあった。まだ混雑がひどくなりつつある時期である。車両部現業職員だけでは足りず、運転部（運転士・車掌）と営業部（駅員）の現業からも人を駆り集めてもらい、中野工場で、丸ノ内線の車両に、静かに、ゆっくりと、しかし最後には奥へ奥へと詰めて、さらに外から力ずくで押し込んだのである。

それは輸送力の極限の確認と、車両設計時の荷重をどうすべきかを知るためのテストだった。誰の発案だったか定かな記憶はないが、小生が各部に頼みに行ったり、実験の時に采配を振るったような気もする。

その結果は、長さ18メートル、幅２・８メートル、３つ扉の長手座席車両で、３７４人だったという記憶だ。予想を超えていると感じたことは確かである。当時の公称車両定員は１４０人だったから、乗車率は２６７％になる。実際にはここまでは乗れないと思われ、２５０％がいいところだということになった。

国鉄の20メートルクラスの通勤車両では、一人体重50キロとして４００人、20トンで計算しておられたから、目安としてほぼ合っていると安心したのだった。現在の混雑率の目標１５０％とは大違いだったのだが、とにかく運ぶことが先決だったのである。

新婚旅行で乗った代用「こだま」

こうした仕事の最中に縁談が持ち上がり、かつて斜め向かいに住んでいたことのある女性と交際することになった。寸暇を盗んでデートを繰り返したのだが、せいぜいコンサートや映画を楽しんだり、「ショパン」とか「田園」などの音楽喫茶で手を握りあってクラシック音楽に耳を傾けたり、遠出をしても日帰りのハイキング程度だったから、今の若い人たちに比べれば可愛らしいものだ。

半日の勤務だった土曜日の午後、上司の多部さんから急な仕事を申し渡された。ケータイなどという便利なものはない時代だし、連絡のとりようがなく、何時間も待たせる羽目になったこともあったのである。

彼女は不二越鋼材の貿易部に勤務しており、日本鋼管に勤めていた彼女の兄が「乗り歩きの鉄道ファン」だったので、話が合ったのも幸いだった。当時既に2０００キロ踏破の証明書を持っていたし、メルクリンの鉄道模型にも凝っていた。

結婚したのは1959（昭和34）年の春だが、公務員だった大学時代の親友・谷口正美君の紹介で、式場には「虎ノ門共済会館」を選んだ。いわゆる結婚式は特に行なわず、彼等夫妻に立会

新婚旅行に出発する筆者夫婦。東京駅に停車中の急行「伊勢」の3等寝台車ナハネ10形で

人になってもらい、披露宴の席上で結婚届に署名するという方法をとった。二人とも宗教色を嫌ったためなのだが、形式を重んじる当時としてはまだ珍しかっただろう。

主賓にお願いしたのは当方は宇田川車両課長、先方は不二越鋼材の石井貿易部長さんで、ご両者は面識があったらしい。主賓挨拶の冒頭から「不二越さんには……」「営団さんには……」という切り出しになって花嫁、花婿はそっちのけ。二人で顔を見合わせ、苦笑したものだ。

残念だったのは、前年の秋、小生の母がくも膜下出血で倒れ、この時もまだ伏せていたために出席できなかったことである。夜中に洗面所の方向でドサッという大きな音がしたので、駆けつけてみると母が意識を失っており、その場に布団を敷いて近所のお医者さんに往診してもらったが、母子家庭で家族は小生一人だったから、相当に慌てたことだった。そのため、後々まで奥方には世話をかけることになった。

新婚旅行は伊勢志摩国立公園一帯。往路は鳥羽行き急行「伊勢」の3等寝台。誠に質素な旅行だ。天皇陛下ご成婚のすぐあとだったから、この辺りの手入れがよく行き届いていて気持ちがよかった。

だが、この旅行で、ちょっとした失敗をやらかしたのである。一つは、最初に泊まった「志摩観光ホテル」の夕食時に、メインダイニングルームで、大好きなヨハン・シュトラウスのワルツが流されており、その中に聴いたことがない作品がたくさん含まれていたので、翌朝、そのLPレコードを見せてもらいに調理場に行ったこと。奥方はこれに大変驚いたらしい。その後、このLPは営団同期の山口君からの結婚祝いに所望して有り難く頂戴したのだった。当時はモノーラル録音だったので、後にステレオ盤を購入、さらにCD復刻盤も入手して、目下は同一演奏のディスクが3枚になっている。

もう一つは、近鉄駅のホームで、まだ珍しかった特急電車の写真を撮ろうとして「ちょっとどいてよ」と言ったらしいこと。「自分を入れて撮ってくれるものだと思ったのに！」と、それから何十年か経った3年ほど前にぼやかれた。全く記憶にないのだが、まさに失敗だったと認めざるを得ない。もっとも、今さら言われてももう遅い。ただ、民主党の前原誠司・前代表もテレビで同じようなことを言っておられたから、お仲間はいるらしい。

帰途、名古屋から在来線の特急「こだま」の指定券が取ってあったのに、やって来たのが151系ならぬ代替の東海形153系だったのには相当にがっかりした。「故障で車両が変わって申し訳ありません」という車内放送があったかなあ。

日比谷線3000系の特徴

日比谷線3000系の計画と設計の基本は、小生が渋谷車両工場勤務の間に進められており、おおよそのコンセプトは固まった時点でその詳細設計を引き継ぐことになった。

3000系は「デザイン」と「乗り心地」とを最も重視した車両だった。前頭部は丸みを持たせて曲面ガラスを用い、ステンレス外板のコルゲーション（溶接などによる熱歪みを目立たなくするために、外板自身に付けた波形）には豪華に見える断面形状を選定、また裾を絞って柔らかい感じを出すために台わく側はりに特殊な構造を採用したうえ、台わくの前頭隅部が球面となるので、その部分だけ単独の型を起こして製作する「爆裂加工」と称する特殊な工法が採られた。メーカーの人たちから自慢げな説明を承った記憶がある。

当時主力の汽車会社東京では、森本製作所長、根本茂設計課長、中野保車体設計担当、小川ぎ装担当、小宮績営業課長、石橋担当などの皆さん、大勢の方々にお世話になった。

南千住駅を発車する日比谷線3000系の第１次車。1961（昭和36）年３月28日の南千住～仲御徒町（なかおかちまち）間開業用に16両が新製された。第１次車は前面にアルミ製のスカートが取り付けられ、側窓の形状も後の増備車と異なっている

最も凝ったのが室内化粧板の取付け構造で、ネジを1本も見せないようにするため、工字形をしたエッジを採用、特に天井板は定尺ものを端から順々に工字形のエッジの隙間に次々に差し込んでいく方法が採用された。したがって、どこか1枚を外す場合でも、一番端の板から順次外していく必要があり、新製時にも、補修時にも、大変な工数を要する設計となった。

たしかに奇麗な仕上がりになっていたから、その意味では一時代を画した夢のようなデザインではあったに違いない。小生もその片棒を担いだのだと思うと慚愧《ざんき》に堪えないが、上記の両面で保守現業から総スカンを喰ってしまい、増備車では普通の押縁を用いてネジで止める方法に改めたと記憶する。

ついでながら、室内色を「デコラD33」のく

すんだクリーム色に合わせるため、エッジには金色アルマイト処理を施すことになった。その色合わせが厳しく、色むらのない製品を選定したために、エッジ製作の歩留まりが悪いという副次的な結果をもたらしてしまったのである。

前頭形状変更試案の課長指示

課長室の壁に飾ってあった日比谷線3000系の外観パース（パースペクティヴ＝透視図）をじっと眺めていた課長から「里田君、ちょっと」と呼ばれた。課長から声がかかると一瞬緊張し、恐る恐る課長席に行ったものだ。「あのなあ、あの頭のところを縦にも曲線を入れて、球面にした形式図を引いてみてくれ」とのことだ。滑らかな外板でも難しいのに、コルゲーションがあるから、図面を引くのにも難渋したが、それらしく描き上げて持っていった。

しばらくして、汽車会社の小宮営業課長から「あの図面は里田さんが引いたのでしょう？　あれは難しくてダメですよ」という話があった。課長も残念だっただろうが、ステンレス鋼板で、しかもコルゲーションがあるのだから無理もない。当時でも、車体材料が普通鋼かアルミ合金だったら実現していたかもしれない。2006（平成18）年に登場した10000系では縦横にRがかかり、球面に近くなっているので、とても懐かしく感じる。

路線色別帯

車体外部に路線カラーを示す帯を設けるか否かでは、計画当初に大分もめたらしいが、「1・2・3等など旧来の客車の等級を感じさせるので好ましくない」という東義胤運転部・車両部分掌理事の意向で取りやめになったと聞いた。なお、次の東西線のブルーは、やはり東理事の指示で煙草の「ハイライト」の色としたそうだ。部内では「ハイライト・ブルー」と呼んでいた。

その後1960年代半ば（昭和40年頃）だったと思うが、路線が飛躍的に増加していくことが分かった時点で、識別を容易にするために路線カラーが決められ、車両もほぼこれに合わせた帯を設けることになった。絵心のある当時の藤田精一総務部長が考えられ、東京都のその筋と相談のうえで決定されたと総務部長室で藤田さんからご説明を承った記憶がある。

ついでながら、銀座線のオレンジは、1927（昭和2）年の開業用車両の製作にあたって、ベルリン地下鉄の淡黄色を参考にしたが、戦中・戦後のドサクサで色見本が紛失、記憶で再現したものがやや濃い目になり、さらに色見本を作り直すたびに次第に濃くなってしまったという、1929（昭和4）年入社の宇田川車両部長の言だった。

また、丸ノ内線のスカーレット・メジアム（ミーディアム）の赤は、当時の営団鈴木総裁と東理事が丸ノ内線建設に先だって世界各国を視察された際、飛行機の中で購入したイギリス製の煙

「地下鉄博物館」に寄贈された「ベンソン・アンド・ヘッジェス」の缶を手にする筆者。2013年11月。撮影：福原俊一

草、缶入り「ベンソン・アンド・ヘッジェス」の缶の色に魅せられて決められたものだ。社内報『地下鉄』誌に「車両あれこれ」という連載を執筆していた時、先輩から聞いていたとおり「ウェストミンスター」と書いたところ、突然、初めて東理事から電話でお呼び出しがあり、びっくりして何ごとだろうと飛んでいったところ「君、ウェストミンスターは青いんだ。これがそうだよ」と、その四角い赤い缶を頂戴したから間違いない。その缶は「地下鉄博物館」に寄贈して、折にふれて展示されている。

スキン・ステンレス車の初トラブル

3000系は、日比谷線開業用の、営団では初めてのスキン・ステンレス車だったため、面喰らうことが起こった。南千住の車庫に置いてある間に、側面の外板が前後方向に大きな波を打ってきたのである。なぜだろうと、みんな首を捻ったものだが、答えは簡単。日の当たる側だけ日光で温められ、ステンレスの外板が柱間で膨張したのだ。

続いて、目立たないように軽く浅く打った柱とのスポット溶接が剥がれだす始末で、溶接をもっと強く深く手作業でやり直し、長手方向に膨らんだ外板は、コルゲーションの断面の先端部分が少し紫色になるくらいにバーナーで焼いたうえで水をかけ、収縮させてぴんと張らせたのである。荒っぽい作業で修理するものだと感心して見ていた記憶がある。このために何度、千住工場に足を運んだことか。

スカートを外す

種々の目的で前面や側面にスカートを設けた車両は数多い。営団でも、日比谷線の初期の車両と、千代田線の第1次試作車に採用された。

日比谷線の場合は、曲面ガラスを用いて丸みを帯びた前頭部に合わせ、連結器を収納してすっきり見せようという発想だったようだ。それは、編成を長くする時には中間車を挿入し、分割併合は行なわないという計画で、前頭用連結器は異常時の重連運転に使用するだけだということだったからである。

ところが、新設計の車両にはつきものの初期故障や、そのほかの理由で重連の機会が意外に多く、そのつど、蓋のボルトを外して引き出すのが大変なのと、保守にも手がかかるという理由で、増備車からは取りやめ、最初の車両も逐次取り外しすことにした。しかも、地下鉄独特の床面高さの低い銀座線・丸ノ内線の思想にこだわったらしいが、連結器高さを標準の880ミリに対して800ミリと低くしたのも後々まで悩みとなったことの一つだ。

通風器の雨水浸入

丸ノ内線や銀座線2000形などの車内通風は、屋根を半ば二重とし、側面上段のほぼ全長から新鮮空気を取り入れ、下段で室内空気を循環、有圧のファンデリアから両者を混合して吹き出させる方式になっていた。これに対して、3000系では各ファンデリアに対応した個別の通風器を屋根上に設ける計画だったのである。これはファンデリアを設計・製作する電機メーカーと、通風器の車体メーカーとの連携が必要だから、小生は取りまとめとして両方の設計に関与することになった。

3000系第１次車の車内。内装は完全無塗装化され、化粧板の押え面にエッジを使用して美しく処理されている。通風器とファンデリアを組み合わせ独立して配置。再循環換気口も等間隔で設けられた

通風器は、薄い箱形の側面の空気取り入れ口から、雨水の浸入を防ぐために細かい波を付した何枚かの仕切り板が渦巻状に中心に向かう構造が提案され、その趣旨で設計・製作が進んでいた。電機メーカーにはファンと通風器の組合せ試験を実施するための短い構体が製作してあったので、完成した車体側の通風器はその製作所に送られ、社内テストが完了。この段階で小生が立会検査に出向いたのである。

風速と風向き、風量が計画どおりになっていることを測定・確認し、雨水の浸入試験に移った。ところが、車体メーカーのような雨漏り試験の設備はなく、水圧の低い水道水を細いゴムホースでチョロチョロと振りかけただけで「大丈夫です」と言う。「冗談じゃない。ファンデリアは有圧で外気を吸い込むのだから、それを回転さ

せ、大雨か台風の斜めの吹降りと、時速100キロで走行することも考えた試験をして欲しい」と申し入れたのである。しかし「そういう設備がない」とのことで押し問答になった。「それでは検査にならないし、責任が持てないから、その設備を考えてもらえなければ、検査を打ち切って帰ります」という意味のことを言ったような気がする。その結果「（消防署に知れるとまずいのだが）消火用の貯水槽の水と消火栓を使って、圧力水をぶっかけます」と決断してもらえた。お名前も覚えているが、当時の検査課長さんだった。テスト中に火災が発生したら、彼の責任問題になるのだ。しかし、当方も営業運転中に雨水が入ろうものなら、責任問題になるのだから仕方がない。

案の定、水はジャブジャブの状態でファンデリアから飛び散ってきた。いつものセリフで恐縮だが「さあ大変だ！」である。さっそく、設計担当の車両メーカーに電話し、状況を説明して設計変更を依頼、後は両者で完全なテストを終えて、自信作を提示してもらうことにしたのだった。昨今はそういうことはないのだろうが、メーカーの人たちは造ることは得意でも、使う立場からは何も見ていないのだということを強く感じた一幕だった。担当の車体メーカーも、どうして自分から一緒にあらかじめのテストを実施しようと考えなかったのか不思議である。

その後、関連のある部分については、そのメーカー間で最初から打合せをしてもらうことにした。営団でそれまでそういう習慣がなかったのも頷き難いことではあったのだが……。

車体設計上の連絡ミス

トンネルや駅設備がほぼ完成して試運転が始まった時、建築課の若い職員から「里田さん、電車の窓の位置を変えましたか？」という質問があった。「ん？」と思ったら、「駅の壁の駅名表示板が下のほうしか見えない」と言う。はたと気がついたのは、銀座線・丸ノ内線車両の側窓高さは１０００ミリ、３０００系は、側窓の下辺はほぼ同じ高さなのだが、窓そのものの高さが８００ミリと低くなっていたことだった。建築課では従来どおりの窓位置と寸法のつもりで同じデザインの表示を取り付けたから、下のほうの隣の駅名は分かるのだが、肝心の当駅名が車体の幕板に隠れて半分見えなくなってしまっていたのだ。

途中から引き継いだこととはいえ、完全な連絡ミスだった。以前、あれだけ身に染みた経験が生かされなかったのは誠に残念だった。謝って車体断面図を渡し、次の区間からそれに見合った駅名表示板にしてもらったのである。

日比谷線の特徴

日比谷線全体の特徴として挙げられるのは、連続誘導式列車自動制御方式（ＡＴＣ）と剛体架空電車線の採用だろう。電気部長から電気部分掌理事になられた勉強家でやり手の白井理事と東

上野駅に進入する日比谷線3000系の試運転列車。地下区間におけるカテナリー式電車線（一般的な吊架線）の弱点を克服するために開発された剛体架空電車線が印象的。写真所蔵：交通新聞社

理事とが、ＡＴＣについての議論を戦わせておられるという噂は聞いていた。車両設計部門では山縣昌彦君の担当で、丸ノ内線でのテストの時から随分苦労していた。

また、２編成に自動列車運転装置（ＡＴＯ）を試用したことも特筆に値する。運転士は発車ボタンを押すだけで、後は何も仕事がないので、これに慣れてしまうと異常事態発生時に対処できなくなるのではないかという議論が沸騰した記憶がある。新交通システムなどで無人運転が実施されたことから考えれば、大昔の話ではある。

剛体電車線はその導入のために、国鉄の鉄道技術研究所から小田敏彦さんが電路課長に就任され、その指導の下に事が運んでいた。車両設計としての電機担当者もいたが、パンタグラフ

の剛体電車線への追随性を向上させるため、小形の空気ばねベローズを挿入するなど、機械的な振動問題も関係していたので、設計会議には小生も同席して意見を述べていたのである。いずれも営業後にも若干のトラブルを残したものの、成功裡に運んだことは一緒にこの仕事をした者として喜ばしく、感激したことだった。

因みに、車両としてのもう一つの特徴は、バーニア・ノッチを使用して、力行78段、ブレーキ67段という超多段式のカム軸制御装置だった。その結果、起動・ブレーキとも誠にスムーズで、ショックが全く感じられなかったほどである。

長野電鉄への譲渡

小生が営団を退職した直後、車両冷房化計画に伴って新形式車両に置き換えることになった時、3000系は長野電鉄で余生を送ることになった。小生も、後年、三菱電機の社員として一度お邪魔して対面したことはあるが、2006（平成18）年、小田急OBの山岸庸次郎君が生方良雄さんとご一緒に同電鉄の譲渡特急車を訪ねた時に撮影してきてくれた3000系の写真をもらい、奇麗に使っていただいていることが明瞭に分かって、当時の担当者として嬉しく感じた次第である。

第４章　車両基地の新設と改良計画

施設担当に異動

営団車両部で言う「施設」（同じ車両課に属していた）とは、車両基地全体の計画と保守機械装置類の計画・設計を受け持つ部門だ。部門とはいっても、当時は芝俊夫さんという朝鮮総督府鉄道局でやはり施設を担当された経験のある大先輩が一人ですべてを切り回しておられた。これは大変な仕事量で、苦労されているのが目に見えていたのだった。

１９６２（昭和37）年10月１日付で芝さんが小石川車両工場長に栄転された後を引き継ぎ、小生がその島のテーブル・マスターとして異動になった。本橋秀和さんと藤川勇作さんという若干の先輩二人とともに３名体制で出発し、間もなく後輩の松本俊美君が加わって４名に増強された。それだけの仕事量は十分あったのだ。小生がそれまで担当していた台車の設計は、後輩の相田行雄君に引き継いだ。

車両基地施設は小生にとって初めて触れる内容であると同時に、この仕事は自分たちで考え、行動していかなければならなかったので、当初は相当な不安を感じたが、経験豊かな3人に支えられて何とかこなすことができたのである。

大規模な新しい施設工事

当面の大仕事は、2年先ではあるが、営団としては初めて、高田馬場～九段下の地下区間のみの「車庫なし開業」をする東西線車両搬入計画の具体的立案だった。これに並行して、それまで4両または5両編成だった銀座線の6両編成化に伴う設備上の対応、上野検車区留置線の地下・地上の二層化と全体の近代化、渋谷工場・検車区の全面建替えと近代化、銀座線車両工場検査の丸ノ内線中野工場への集約化に伴う設備改善、小石川および千住検車区の留置線の連動装置化、東西線飯田橋地下検車区の計画・設計、また次に予定されていた新線である9号線（千代田線）の綾瀬車両基地の計画などが控えていた。さらに11号線（半蔵門線）車両基地の計画開始も迫っている。

加えて、既設各車両工場・検車区の機械設備、建屋・軌道・電気・信号設備などの保守・改良もこの島の担当である。現業から改修希望を提出してもらい、実際に現地を視察して車両部として取り上げる項目を打合せしながらまとめる仕事だ。

営団の場合、これらの仕事は、財産区分・勘定科目・職務分掌などの関係で、車両部の施設の島だけでは処理できず、建物を扱う建築課、軌道の保線課、大規模工事を実施する改良工事課などのある工務部、さらに照明・変電・配送電・信号・通信などを担当する電気部などへの他部依頼工事としてお願いする。それぞれ項目ごとに説明、現場を見てもらって、ここでまたふるいにかけられるのである。

こうして、各部から予算が企画室に提出された後、同室への説明が行なわれ、時には現地視察が加わって3度目のふるいにかけて決定する、という手順だったから、営団内のあちこちらを駆けずり回って事前の下説明をし、頭を下げるのに相当な時間と労力を費やした。この事柄には労働組合の職場総点検運動が絡むから、うかつなことはできない。

予算制度

新造車両の購入や、長期にわたることが明白な大規模な施設工事は別として、営団は官庁並みに単年度予算だから、計画は綿密でなければならず、年度末の3月20日までに納品書や工事完了書を経理部に回す必要があった。

多少余談めくが、これは非常に不合理だと思う。高名な評論家も、さる県庁の裏金作りに関連して単年度予算制度の欠点を指摘しておられたが、この制度はもっと根本的にあまりにも無駄が多すぎると感じていた。特に、12月になってから補正予算が成立すると、相当な額が交付されて3月末までに消化しなければならない。本当に欲しいものの購入には時間がかかるから、結局、要らないものを購入してオクラになり、倉庫のスペースを占領したうえ、あげくの果ては戻入《れいにゅう》(大本の経理部倉庫に返却し、その後処分する)になってしまうのだ。

さて、車両設計の仕事も大変だったが、この施設の仕事はさらに大変で、本当に働いたという感触を味わった。そのお陰で営団の各部署に顔馴染みができ、後に民間会社にお世話になった時にも役立ったし、退職して20年以上たった今でも、ＯＢ総会に出席するとその頃の他部の知己と出合って懐かしい想いに浸るのである。

仕事の具体的な内容

さて、ここでは各項目の内容を詳しくご紹介することは差し控え、思い出の概要だけを簡単に記すことにしたい。ただし、これらの仕事は車両部として重要であるばかりでなく、小生が後に車両課あるいは車両部全体を見る立場になった時にも、引き続いて深く関与しているので、時系列的に若干相前後する場合があるかもしれないが、お許しいただきたい。

（1）上野工場・検車区を地上・地下二層構造の検車区専用とする大規模改良工事

これは大がかりで、構造が複雑なだけではなく、在来の設備を壊しながら新設していくので、工程の立案が難しく、施設の島の中で揉みに揉んでから、関係部と何度も打合せをした記憶がある。営業運転を休むわけにはいかないから、渋谷検車区、丸ノ内線中野検車区や本線にも夜間や休日に留置するための調整を図り、現場にも随分と足を運んだのだった。

この工事は長期にわたり、完成したのは6年後である。上野検車区は6両編成のままで19編成の留置が可能になり、その利便性は大きく向上したと思う。

(2) 渋谷工場・検車区の駅構内留置線への模様替え大規模改良工事計画

渋谷再開発の長期展望に基づいて、当初は渋谷も検車区のみとし、上野と同様に6両編成のまま留置可能な車庫に変更する工事計画だった。小生はその下案の構想を考えるところ辺りまで施設の島で担当していた。その後、単なる渋谷駅構内側線という名称の留置線計画に変更されて、後に再び関与するようになった。

(3) 小石川検車区構内連動装置の採用と工事

当時の車両基地内の軌道の分岐器の転換はすべて手動のダルマ式のものだったが、世の進歩とともに連動化を図ることになり、ここ小石川がその先陣を承ることになった。大部分の仕事自体は保線課の軌道と信号通信課の担当だったが、その使用者側として使いやすいものを検討して依頼することが必要なのである。

(4) 小石川検車区出入庫線の騒音低減

小石川検車区出入庫線の曲線部を通過する時に車輪とレールとの間のきしみ音が発生、周囲にお住まいの居住者から強いクレームを頂戴していた。保線区でレールに油を塗り、車輪フランジ塗油器も採用してはいたのだが収まらない。いろいろ考えたり調査した結果、当時、小田急の南新宿駅付近の急曲線に採用されて効果をあげていたレールに水を散布する設備を教えていただいて導入した。確かに効果のある方法だったと記憶している。

(5) 千住検車区8両編成化工事

日比谷線の延伸と輸送力の増強、8両編成化などの計画の一環として、有効長が6両編成だった千住検車区の検車庫と留置線を、8両編成を収容できるように延伸する工事だ。基地の端末の運河用地を買収、これを埋め立てて延長することについての各部との打合せ作業である。

(6) 東武鉄道からの竹ノ塚検車区譲渡の下調査

将来、日比谷線は千住検車区だけでは収容しきれなくなってくることが予想され、表題のとおり、現状調査、譲渡金額の査定、営団方式への最小限の変更計画と設計、それらの見積りなどを行なった。現地に何度も通って「ああでもない、こうでもない」と、査定と再計画に苦心した思い出がある。実際に稼働を開始したのは4年後のことだ。

(7) 東西線飯田橋地下検車区の計画・設計

最初の東西線高田馬場〜九段下間開通時は地下区間のみだったので、工場検査は何らかの方法で搬出して日比谷線千住工場で実施する計画だった。しかし、検車作業は、東陽町《とうようちょう》延伸後は地上の深川検車区で行なうにしても、当面はこの区間内に早急に検査場所を造る必要があった。普通、車両基地用地の構想は、地形や沿線の条件から、早い段階で建設本部が計画に組み入れてくれる習慣になっていたので、飯田橋〜九段下間に設置することは決まっていた。

既に計画されていた1線のトンネル構築の中で、いかに有効で便利な検査ピットの位置を設定するか、緊急の修繕設備や、地上に設ける予定の事務所との間の通路の利便性をどうするかなどの問題を考えて実施設計をすることが急務だった。その事務所の用地も既に2〜3の候補地が確保されていたので、その選定や敷地内での建屋の間取りや設備について、何度か駆け足で現地を往復して進めたのである。

(8) 東西線九段下お堀の中のトンネルへの車両搬入

前述のとおり、この計画は施設の島の目前に控えた大きな仕事だったが、車両搬入というものについては、まとめて次章でご紹介することにしたい。

宇田川鉒造車両部長の退任

1963（昭和38）年1月26日、入団以来、直接のご指導をいただき、大変お世話になった宇田川鉒造車両部長が定年を迎えられて退職、後任には、遅れて3月6日、国鉄運転局から大石寿雄車両部長が就任された。そのため、営団の車両設計の思想に大きな転換があったことは否めない。また「営団は会議が少ない」と再三言われたのだが、あまりピンとこなかった。しかし、後に仕事で会議連続の国鉄とお付き合いするようになって、初めてその意味が理解できたのである。

その約1年後の1964(昭39)年2月15日、営団にも係長制度が導入されたので、小生はそのまま、初めて「帝都高速度交通営団車両部車両課施設係長」という「じゅげむ」のように長い肩書きを頂戴することになった。

ここで、ちょっと生意気なことを敢えて言わせていただければ、テーブル・マスターになって以降、係長・課長・部長と昇進していく中で、非常に強く感じたことの一つについてなのだが……。

残念ながら小生自身は知識が広いほうではなく、先輩はもちろんだが、特に後輩たちの知恵を頼りにして物事を進めてきた。もちろん自分でも考えて提示はするのだが、さらに各人各様の意見を聞き、それを取捨選択、最後は自分で決断して責任を持つというやり方だ。しかし、その過程や、日常の付き合いの中で、小生に迎合するする人、闇雲に反対する人、的確に判断したうえで小生の思考の善し悪しを冷静に指摘してくれる人などがいることが明瞭に感じられた。

言うまでもなく、一番頼りにしたのは3番目の小生の欠点を冷静に指摘してくれる後輩である。ずぼらで、能力が不足なくせに、何事もきっちりと進めたい小生には、それ以外の方法がなかっただけだと言えるのかもしれないが、この施設のメンバーの中で小生の希望に合致する後輩に出会えたことは誠に幸いだった。

もう一つ、宇田川さんから承った話を付け加えておきたい。余談めくが、小生の1975（昭和50）年のダイアリーに、宇田川さんから伺った下記のようなメモがあるので、古いことではあるが、ここでご紹介しておこう。

東洋最初の地下鉄車両である東京地下鉄道の1000形を担当した電気課のメンバーは、林課長のほか渡辺竜造係長（蔵前高専出）、くぬぎ（?・）課員（武蔵野鉄道）、神部達課員（京浜電鉄）だったそうだ。

しかし、実際の構想やメーカー図面のチェックは、鉄道省工作局や先輩民鉄の知恵も借りたようである。つまり、実際の中心だったのは今泉鉄道省技師（後に汽車会社社長）、林東京地下鉄道電気課長、小宮東京横浜電鉄技師（後の東急電鉄社長）の3名で、後2者は大学同期の関係、事務局が柴田（弟）鉄道省工作局電気車係員（後の小糸工業副社長）だったとのこと。委員会のようなものだったのだろうか。

宇田川さんが入社された1929（昭和4）年当時にも、検討してもらった図面を鉄道省に取りに行くような使い走りをさせられたが、その頃の工作局では就業時間中にも碁を打ったりしていて、「一局終わるまで待たされたものだよ」と笑っておられた。官庁はのんびりした時代だったのだろう。

また、1927（昭和2）年の1000形の角形間接照明は加藤小糸工業社長、設計が変更された1933（昭和8）年製造の1200形の丸形間接照明は渡辺菊松嘱託（前職不明）の推薦と記憶する、というお話だった。

3度目の車両新造設計の仕事

入団直後に新造車両の台車設計担当、渋谷車両工場勤務を経て再び台車と車体の担当となり、さらに施設係の経験をも踏まえ、1964（昭和39）年9月1日付で、今度は係長として新造車両の設計に携わることとなった。車両課長には大学の先輩で、1946（昭和21）年入団の望月弘さんが就任され、その後はずっとご一緒に仕事をすることになった。

しかし、設計係長とはいうものの、設計自体以外の仕事に半分以上の時間を割かれ、その後はさらに一層、雑用とも言える事柄に振り回されるようになっていく。わが国の会社勤めはいずこでも同じらしいが、その経験談を、泣き言と希望を交えながら書き記すことにしよう。

東西線の車両設計

小生が施設係在任中に、新造車両については、それまでの新鋭豪華主義から一転して、新しい車両部長から「経済性に徹する」という大号令がかかっていた。そのため、切り妻正面の愛嬌のない東西線５０００系になっていたことは否めない。室内設備も、より実用的なものへと変更をせざるを得なかったのも事実だ。残念ながら、営団車両の路線ごとの「うねり」の一つだったと思う。

また、当初計画は、最高速度は時速80キロに設定され、安定した領域での運転計画だったらしいが、後に、快速運転の発案があって、なし崩し的に１００キロに引き上げられたため、台車設計上、いいさか無理を生じる結果となった。

この計画設計当時、施設係は設計係と隣同士の島だったから、折に触れて台車と車体の設計に若干の相談に預かってはいた。しかし、設計係長に就任時には、国鉄との相互直通運転の打合せ内容と、車両全体の設計はほぼ固まり、既に車両が完成間近の状態だったのである。

国鉄との相互直通運転

国鉄と直通するための「列車の相互直通運転に関する覚書」が交換されたのは１９６２（昭和37）年12月、車両の大まかな仕様を決める「車両規格覚書」の締結が、小生就任半年前の１９６４（昭和39）年４月のことだったが、細目に関してはまだ途中の段階で、部品に至るまでの細かい「申し合わせ事項」に向けての打合せが残っていた。

国鉄側は、猪野淳之介さんを中心に、眞宅正博、寺戸浩二、加藤亮などの皆さんと何回もお顔を合わせて議論したような気がする。ただ、国鉄の方々とは、学会や各種委員会、千代田線の相互直通打合せなど、長期にわたっていろいろな機会にたびたびお目にかかっているので、その時期がいささか混乱し、誤りがあるかもしれないことをお詫びしておきたい。

構体荷重試験

新設計の車両の構体が完成した時点で、構体荷重試験が行なわれるのが普通である。構体の床に荷重をかけて長手方向の何点かで撓みを測定、また構体中央部を横方向に引っ張って、やはり撓みを測り、それぞれの方向の剛性を計算する。また、各部、特に応力が集中する（高くなる）出入口と窓の隅部などや、剪断力《せんだんりょく》が大きいと推定される箇所のワイヤ・ストレイン・ゲージによる応力測定も実施される。さらに、車体中央部の床下に荷重をぶらさげ、急に切り離して構体に振動を発生させ、固有振動数を測定する。これらの値は構体の強度や車体に発生する細かい振動の目安になるから、大がかりで重要な測定試験だ。車体完成時の重心測定も同様である。

銀座線や丸ノ内線の構体荷重試験は関知しなかったので、5000系の試験について、隣の島から初めて関与させてもらったということになる。これらの試験はすべて車体メーカーの工場でメーカーの手で実施されるから、鉄道側の設計屋は見学するだけだが、測定結果のデータに関してメーカーの試験担当や設計担当と議論して一緒に検討し、不具合箇所の対策を練るという案配だった。

当時、試験荷重は鋳鉄製の制輪子を構体の床に等分布荷重になるよう、何回かに分けて積んでいき、いろいろな乗客荷重を想定して測定された。後年には油圧によって比較的簡単に加圧できるようになり、試験工程は短縮されたが、それでも3～4日を要したと記憶する。その間は、われわれも缶詰めになっていたのである。

会計検査院の検査

営団は特殊法人、つまり半官半民の企業体なので、官庁と同様に会計検査院の検査がある。

会計検査は、数ある経理関係の監査の中でも、営団全体としては最重要な行事だ。不正あるいは大幅な無駄遣いの指摘を受け、公式に取り上げられると、営団総裁が国会に呼び出されて、説明・陳謝することになるからである。何を調べられるか、その時にならないと分からないし、求められた資料の提出は拒否できないから、あらかじめ準備するわけにもいかない。

3～4日から時には1週間続く検査中は、営団側窓口の監事室（後の監査室）からいつ呼び出しがかかるか分からないので、責任者と担当者はずっと待機の状態である。もっとも自席にいるのだから、平常業務は続けられるはずなのだが、仕事は手につかず、落ち着かないことおびただしい。それだけルーティン・ワークが遅れていくがやむを得ない。

初めて経験したのは、東西線５０００系の車体外板の図面を持って説明にきて欲しいという呼び出しだった。何だろうと思って出頭すると、外板の板取りをどうしているか、無駄な切り落としがないか、という質問だった。

メーカーからの承認図面にはコルゲーション部分の外板の継ぎ目は溶接の指定が書き込まれているし、平板部分は矩形だから、一応の説明はできたのだが、図面を置いていくように言われ、ご自身でチェック、翌日、再度呼ばれて行ってみると「ここはこうしたほうが切り落としが少なくて済むのではないか」などといった2~3の指摘があった。

そうなると、小生等では手に負えない。監事室やメーカーと相談した結果、メーカーに赴いて設計責任者から直接話を聞いていただくことにして、小生が同道することになった。その説明に一応納得はされたのだが、製造原価の資料を見たいと言い出され、営業課長が資料を持ってはきたものの、重要な箇所は手で覆った。「そこも見たい」と押し問答になったが、「企業秘密に属する箇所なのでダメです！」ということで、大団円になったのだった。

お口振りから、どうも電車に興味がある方のように感じられたので、パンフレットや写真などを差し上げて喜ばれた記憶がある。

星晃さん（右）と筆者。写真は国鉄100系新幹線の試乗会で撮影

星晃さんとの初めての出会い

いつ頃だったか定かではないが、車両メーカーの方から「近く、国鉄の星さんのお話を伺ったり、意見交換をする集まりがありますが、一緒に行ってみませんか」という飛び上がるほど有り難いお誘いをいただいた。

星晃さんといえば、わが国の客車設計の第一人者として著名な方で、『ヨーロッパの鉄道』や澤野周一さんとの共著『写真で楽しむ世界の鉄道』6冊の写真集は既に座右の書だったし、そのほかの書籍や雑誌をいつも拝見していたので、憧れの人だったと言ってよい。

場所は国鉄本社の中にある会議室で、30～40人ほどの車両メーカーの方たちが集まっておられた。一番前に座らされて、待つことしばし。星さんが入ってこられると、皆さん一斉に起立されたから、小生も慌てて立ち上がった覚えがある。「やっぱり凄い！」と思った。お話の内容は国鉄車両の近況や将来展望だったと記憶するが、いささか興奮していたからはっきりしない。

質疑応答が一段落したところで、星さんが小生のほうをご覧になり、「営団さんの丸ノ内線の出入口幅の１３００ミリはどういうお考えで採用されたんですか」というご質問があった。そんなことは既にご存じだったのだろうが、顔馴染みの車両メーカーの人たちに交じって、初めて一人でお邪魔したから、落ち着かせるおつもりで声をかけてくださったのは明らかだった。先輩から聞いていた内容をご説明した時、「なるほど！」と頷かれたお顔が今でも眼前に浮かぶ。

後に、星さんにも、澤野さんにも、大変お世話になる機会があり、しかも星さんとご一緒にヨーロッパに出張することになろうなどとは、この時には思いも及ばなかったのである。

第５章　新造車両輸送の仕事

日比谷線中目黒搬入

車両設計や施設の仕事もさることながら、小生が何度か担当した新造車両の輸送はそれに輪をかけて複雑で神経を使う仕事だったので、その思い出をお話しすることにしよう。

新造車両を車両メーカーから営団の車両基地に運んでくる作業、つまり輸送のことを、営団では一言で「新車の搬入」と呼んでいた。

関東地区にある車両メーカーであれば、車体をトレーラーに載せ、夜間、牽引車で道路上を引っ張ってくる。そして基地内の直線軌道に中心を合わせ、あらかじめジャッキを噛ませて高めに設置しておく。台車は別途トラックで運び込まれ、車体の置かれた軌道上に降ろされて車体の下に転がし込んだ後、上下心皿を合わせた位置で車体を降ろして組み付けるという寸法である。

車両メーカーが遠方の場合、車体は国鉄の貨物列車の最後尾に原則として2両を連結して東京付近の貨物駅まで輸送され、トレーラーに載せ替えられて（横取りすると言う）、夜間、同様に道路上を走って基地に到着。台車はやはり別途トラック輸送になっていた。

どの車両メーカーにも国鉄からの引込線があるので、そこが新造車両輸送の出発点となる。銀座線や丸ノ内線のように標準軌間の場合は、車体は1067ミリ軌間用の仮台車に履き替えさせる必要があったが、日比谷線以降は軌間が国鉄と同じなので、そのままの状態でよいわけだ。

さて、一風変わった搬入の第1号は、1964（昭和39）年3月、日比谷線の霞ケ関〜恵比寿間開業の時だった。この区間は地下のみなので、最初は広尾地下検車区の天井（土木専門家は「構築の上床《じょうしょう》」と言う）に穴をあけて吊り降ろす方法が考えられていた。しかし、間もなく東急東横線と中目黒で直通するのだから、恵比寿〜中目黒間の建設工程を早めて仮線で結び、東横線経由で入れてもらおうということになった。

車両メーカーから、東海道線〜品鶴《ひんかく》貨物線〜山手線〜中央線〜横浜線経由で、東急東横線との接続駅、菊名に運んでくる。さらに東急電鉄のご厚意で碑文谷《ひもんや》にあった留置線まで電車で牽引していただき、そこで整備したのだった。

碑文谷から日比谷線への搬入は、東横線の中目黒駅渋谷方の本線を東急電鉄の手で終車後に切断して移動、営団の仮線のレールと仮止めした後、東急の動力車に押されてきた3000系4両編成を静かに営団線に入れたのだ。その後ただちに復線して始発ぎりぎりに間に合わせるという離れ業だった。このように大勢の手を煩わした大工事、大輸送が行なわれたのである。

この時、小生は施設係に籍を置いていたから、搬入設備担当だったわけだが、地下検車区の計画・設計には力を注いだものの、この中目黒の作業は建設本部と運転部の人たちが手掛けてくれたので、同夜は現地で、ただただ、はらはらしながら見守っただけだった。そして搬入電車に乗って広尾検車区に行き、祝杯の仲間に加わったのである。

ただ、非常に心配されたのは車両の前後の向きで、八王子と菊名で折り返すことになるため、メーカーで台わくの製作時からそれを考慮し、間違いがないように配慮された。実はそれ以前、丸ノ内線の新車が小石川基地に運び込まれてから「向きが逆だ！」ということに気づき、留置線の第三軌条を大幅に撤去、直角方向に円形に敷いたレールと仮台車、ジャッキなどを使って反転させた自慢にならない実績があったからでもある。

しかし、この国鉄や私鉄線上の輸送に関するそれぞれの鉄道への申請と折衝は車両メーカーの仕事であって、営団側はノータッチだった。ところが、その後はそうは言っていられなくなったのである。

日比谷線大量発注時の搬入

1964（昭和39）年には日比谷線の東銀座～中目黒間が3回に分けて開業することになっていた。その総車両数は営団では初めて120両という大量で、出荷は5社の車両メーカーから、しかも着地が日比谷線千住工場（国鉄としては北千住）と、前述の東急碑文谷（同菊名）に分かれていた。車両メーカーから国鉄に輸送申請が提出された時、国鉄の貨物担当はあまりの複雑さに面喰らったらしい。

搬入時期は開業より大分前のことになるから、小生が施設係に変わった直後の1962（昭和37）年にはメーカーから国鉄に申請が出ていたはずである。当時の設計係長である多部先輩の話によると、国鉄から、「車両メーカーから申請が出たのだが、どういうことなのか訳が分からんから、受取人の営団から説明に来てくれ」という電話が入ったのだという。この国鉄との折衝仕事に浸かってしまった多部さんが「とても面倒で大変だ」と何回も漏らしていたのを覚えている。

ただ、この場合は輸送上の問題で、搬入の設備には関係なかったし、車両メーカーが絡むことなので、設計の島が担当することだったから、小生にはあまりピンときてはいなかった。その後すぐにこれ以上の難問のお鉢が回ってくるとはつゆ知らずに。

東西線最初の車両搬入

東西線の最初の開通区間、高田馬場〜九段下間が全線地下区間だったため、車両搬入は本線が皇居内堀の中を通る区間のトンネルの上に穴を開けておき、そこからトラック・クレーン車2台を用いて11メートル下の線路に吊り降ろすことになっていた。施設係に移って最初の大仕事だったが、大まかな方法は既に芝先輩が構想を立てておられたので、その詳細設計を行なっただけなのだが、営団では初めてのことだったから慎重を期さざるをえなかった。

運送会社の丸池海運の現場監督・水野さんと綿密な打合せを繰り返し、万一のことも考えてスケジュールを組んだ。これは他人依存ではなく、水野さんの貴重な意見を参考に、自分で発想し、中心になって物事を進めていかなければならない立場だったので、非常に印象に残っている。

たとえば、あらかじめクレーン車を待機させておく場所、夜間に道路上をトラクターで牽引してきた車両をそのまま搬入孔の横に据え付けるまでの経路、車両を穴の中心に合わせられるようなクレーン車を据え付ける位置とそのスペース、トラクターの逃げ道、吊り降ろす時にクレーン車にかかる荷重とその支点の位置などを建設本部に説明し、強度計算のうえ、道路からお堀にかけて頑丈な台柱を組み、その上に平坦な厚手の板を張ってもらう。また作業に邪魔にならず、かつ作業位置を照らす夜間照明を電気部に依頼するなど……。

さらに、具体的な作業手順と推定時刻や、どんな不具合が生じるかの推定と対策、その対策用の材料手配などを、飯田橋検車区準備事務所長以下と打ち合わせる。台車は車体の吊り降ろしに先立って吊り降ろすが、2台の台車の心皿と、車体の心皿とがほぼ合うように車体を降ろしていかなければならない。少しでも風が吹けばロープが揺れて、車体がトンネル側壁にぶつかる可能性も想定される。

その一方で、管轄の警察署や消防署、お堀の中だから宮内庁の出先機関などの関連箇所に、各部の担当課の人たちと説明を兼ねてご挨拶に出向く。既にそれらの担当者たちから話はしてもらってはあるのだが、主体が車両搬入の問題だから、車両部の担当責任者から改めてのご挨拶だ。何か不測の事態が発生したら、ご迷惑をかけるし、助けていただく必要がある。

こうして、1964(昭和39年)秋の最初の車両搬入に対して、まずまず間違いはない計画だろうという段階になった頃、小生は再び車両設計係の係長に異動することになり、この仕事は後輩の松永健市郎君に引き継いだ。

その後も、搬入、整備、試運転、開業監査、そして開業に至るまでの間、車両と施設の両方の関係者として、九段下の搬入場所と飯田橋地下検車区に通い詰め、苦心して計画した車両搬入に立ち会うことになったのである。

東西線の大量分散搬入と国鉄線自力回送

さて、1965（昭和40）年から1967（昭和42）年半ばにかけて、次のような諸々のことが重なって、一時はどうなることかと思うほど忙しい日々を過ごした。本来の仕事である新造車両の設計、なかでも、新しく採用する東西線のアルミ車と、東西線の次に開業予定の9号線（千代田線）用試作車の計画・設計が最重要課題である。

しかし、最も神経を使い、手数がかかったのは、日比谷線の時と同程度に大量で、日比谷線の時以上に複雑な東西線車両輸送計画とその折衝だった。他鉄道という相手があるうえ、東西線建設工事の進捗状況、開業日程と、既に使用中の車両の検査回帰に間に合わせるという両方の日限が切られていることが最大の問題だった。

東西線の複雑な輸送計画のあらましは次のようなことである。

（1）昭和40・41年度の中野～高田馬場間、九段下～竹橋間、竹橋～大手町間開業用ならびに増備車両のメーカーからの輸送合計115両。このうち、ステンレス車7両編成12本＋アルミ車7両編成1本の計13本91両は、国鉄三鷹電車区に搬入・整備、中央線三鷹～日野間で試運転、建設中の国鉄豊田電留線に一時留置、豊田～営団東西線内へ回送。ステンレス車の中間車4両編成6本の計24両は、営団千住工場に搬入（高田馬場～九段下間に使用中の3両編成の7両編成化用）。

国鉄中央線日野駅の電車留置線で試運転待機中の5000系ステンレス車

（2）高田馬場～九段下間に使用中の3両編成6本の重要部検査の実施。日比谷線千住工場で行ない、同所で上記の中間車4両編成を挿入して7両に編成替え、日比谷線で試運転。そのために東西線から日比谷線への回送＝往復。

（3）これらの回送のため、国鉄中野駅構内に、早期に国鉄～営団間の仮渡り線の設置を依頼。

（4）昭和42年度の大手町～東陽町間開業用増備車両の車両メーカーからの輸送合計63両（ステンレス車7両編成×7本＋アルミ車7両編成×2本）は東西線深川車両基地に搬入。

（5）この輸送のために、国鉄小名木川《おなぎがわ》貨物線越中島《えっちゅうじま》駅と隣接する営団深川車両基地との間に渡り線の設置を依頼（将来も使用するので、恒常的な渡り線）。

さて、これを実施に移すためには、まずどのような輸送方法をとるのかという基本的な問題の解決のほか、国鉄三鷹電車区と豊田電留線の一部借用の折衝・契約や、中野駅構内仮渡り線および越中島～深川基地との間の渡り線設置の折衝・契約などが必要になる。これには営団・国鉄とも、運転・建設・工務・電気・経理・車両施設など、幅広い部門が関係する。また、国鉄から日比谷線への輸送には、一度東武線に入ることになるから、3社での打合せ・契約も必要である。また、運輸省のご了解も得なければならないし、設備面については施設係との連携を密にしなければならない。幸い、係長は気心の知れた松永健市郎君だ。

このような計画をみんなで考えていた1965（昭和40）年の初め頃か、着任後かなり経っておおよその全体像を掴まれた国鉄運転局出身の大石車両部長は、東西線の車両輸送について国鉄本社運転局の方々と個人的に話し合われたらしく、「いずれ相互直通する車両なので、関西メーカーからの輸送も含めて、全部自力回送扱いにすることに同意したから、具体的な打合せに入るように」という指示があった。

「この人のところに行きなさい」と言われたので、取りあえず、ご挨拶がてら、自力回送するための条件や、打合せの方法などを伺おうと思って、一人でふらふらと国鉄本社運転局に伺ったのだが、これが間違いの元だった。会議室に通され、列車課、機関車課、貨物課……と、ちょっと想像もしていなかったほど大勢の（10人くらいだったと思う）方々に取り囲まれたのだ。「しまった！」と思ったが、もう遅い。輸送方法の希望や大まかなスケジュールはほぼ把握していたから、一通りの説明はできたし、ご質問にもお答えできたので、当日は無事に終わったものの、これは大変で、作戦変更の要ありということが身に染みたのである。

しかも、本社だけではこと足りず、鉄道管理局の列車課、電車課、客貨車課、貨物課……も実施部隊として関係があり、そちらとも直接打ち合わせる必要があることが分かってきた。しかしそれでも事は進まず、どうすればよいのか分からなくなってきた時、それを横から眺めていた営団運転部の「まむしの新吉」こと、吉村新吉先輩が「一緒にやろう」と声をかけてくれたのだった。

営団・国鉄両者の運転屋さんは相互直通問題で既に打合せ中だったから、すべてお見通しだったらしい。国鉄の総元締は本社と管理局の中間組織である関東支社の企画係長だということを教えてもらったのである。いくら本社が了解しても、ここが号令をかけないと、上も下も動けないという仕組みになっていたのだ。やっぱり大所帯だ。後の大会議の時、国鉄職員同士が名刺交換をしているのを見て、目を見張った記憶がある。営団のようなちっぽけな企業体とは違うのだと。

ところが、規程に詳しい国鉄の実務部署から、他社の新造車両を、車両メーカーから自力回送することは国鉄の規程にないから受けられないという話があったうえ、運輸省からも、監査が終了しない車両の他社での自力回送はまかりならん、というクレームがついた。

国鉄本社がＯＫを出しているのになぜできないのかということを、運輸省の監督下になかった当時の国鉄出身で、私鉄の経験がない新部長に納得してもらうのに相当てこずった記憶がある。

今日この頃のＪＲではそういうことはないのだろうが、国鉄時代には、実務段階になると、高級幹部がご存じない細かな規程と組織でがんじがらめになっていたのだ。後年、次第に組織が大きくなった営団でもこれに近い現象が生じ、やはり名刺交換が必要になったから、ある程度はやむを得ないとしても、大きな反省点の一つだと、つくづく思う。

結局、部長からも、また吉村先輩とも一緒に波状攻撃をかけた結果、車両メーカーからの輸送は臨時貨物列車を仕立てて、5～10両編成の営団車を機関車で引っ張ってもらうことにこぎつけた。さらに三鷹と東武線の北千住との間は、中央・山手・常磐線を経由して自力回送してもよいということに落ち着いたのである。

いよいよ実際の打合せになると、国鉄は、本社、支社、地方局、現業区の4段構えになるうえ、車両メーカーのある関東・中部・関西、それに通過地域の人たちが加わるから、会議は営団と車両メーカーの若干名を加えて、毎回100人をはるかに超えた。

当方の計画搬入日程に合わせようと努力はしてくださるのだが、どこか1カ所でも「その日は機関車の手配がつかない」とか「夏季輸送でスジ（ダイヤ）が入らない」などという発言があると振り出しに戻って「次回までに再検討」となることが多かったから、日にちは迫ってくるし、毎回、はらはらし通しだった。

何回会議が開催されたのかは覚えていないが、最後の頃には関東支社に日参して「何とかしてください」と泣きつくより仕方がなかった。それも昼間は会議で留守のことが多いから夜になってからの訪問もしばしばで、ほとんどこの問題にかかりっきりだったと言っていい。

しかも「長」という肩書きがないと相手にしてもらえない、また、顔馴染みでないと話が通じない、というのも痛かった。営団車両部のこの関係の担当部署には小生一人しかいないのだから。このように、見通しがつくまでの1年余りは、設計係長でありながら新車の設計どころではなかったのである。

最初の自力回送電車に同乗した時のことは、昨日のことのように脳裏に浮かぶ。三鷹を終電直前に出発、中央線の緩行線を新宿へ。渡り線を渡って山手線を南下、品川電車区で翌朝のピーク時間帯が終わるまで待機の後、心配した都心部を故障もなく無事に通過。上野で山手・高崎・常磐の各線を大きく渡り終わった時には、やれやれとほっとしたものだ。常磐線・東武線内でも何事もなく、いったん竹ノ塚の電車区に仮留置されて、小生としては大団円となったのだった。

なお、この5000系の山手線自力回送については、吉村先輩の自伝『もぐらの履歴書』（2005年・文芸社）に書かれていることだが、東京駅前の旧国鉄ビルの自室の窓から何気なく外をご覧になった関東支社長さんが、見慣れない電車が東京駅を通過するのに気がつかれて「あれは何だ！　そんなことは、やめさせろ！」と大変なおかんむりだったというところまでは当時聞いた覚えがあった。それをご担当がお腹の中にしまって無事に完遂できたのだということをこの本で初めて知り、改めて御礼申し上げる次第である。

第6章　5000系アルミ車両の設計

営業用アルミ合金製車両の試作

世界的に見ると、イギリスの車両メーカーが開発した本格的な通勤用アルミ合金製車両は、既に1949年に初めてロンドン地下鉄に登場、1952年に大量採用されて以来、トロントの地下鉄に続いて、ドイツの車両メーカー、当時のWMD（Wagon Maschinenbau Donauworth）が開発したものがドイツ連邦鉄道などで実用化され、発展の途上にあった。

わが国でもこれに目をつけた川崎車輛は、大西晴美設計課長（当時）を同社に派遣して1年間の勉強を終え、そのノウハウをベースに設計・製作に着手、地元の山陽電鉄に納入して営業に供されつつあった。そして国鉄をはじめ、営団上層部やわれわれにもプロモーション活動が展開された。その結果、将来の新線に大量に採用することを前提に、1966（昭和41）年、東西線の大手町開業用の新車で1編成、続いて68年の東陽町開業用に2編成を試用することが決定されたのである。

この時、小生自身としては初めてステンレス車とアルミ車の経済比較計算を行なった。材料費と製作費とを加えた初期投資額の上昇とその減価償却、利子と固定資産税の毎年の累計に対して、軽量化による電力費と無塗装化による保守費の年々の節減累計を加味し、両者の損益分岐年数を求める。最初はよく理解できず、当時経理部にいた上野久男君（後に人事分掌理事→地下鉄ビルディング社長）に教えてもらいに日参した覚えがある。

その結果、大蔵省令で決められた鉄道車両の償却年数13年とほぼ同年くらいだということが分かった。当時、実際の車両寿命は30年程度と考えられていたから、十分に元が取れるという判断だったのである。

これと並行して、アルミ材料メーカーから提供された各種材料（強度部材用、外板用など）の30センチ角の板の長期暴露テストを行なった。8号線（有楽町線）の車両基地用地として確保されていた夢の島（当時はごみの処分場として埋立が進んでいた）の片隅に枠を立ててビス止めし、約1年間、海風に晒したのである。今の新木場車両基地がある所だ。

その結果は満足すべきもので、耐食アルミニウム合金の名に恥じず、白っぽくなったりはしたものの、腐食の現象は見られなかった。この観点からも、長期の使用に耐え得るということが分かって安心したのだった。

国鉄との共同設計

ちょうど国鉄でも、中野～三鷹間に使用する東西線直通用車両にアルミ車を採用することになり、アルミ構体についての国鉄と川崎車輌との設計会議に営団側も同席、ご一緒に設計を進めることになった。

国鉄側は、星晃臨時車両設計事務所次長と谷雅夫同主任技師のほか、2～3名の実施部隊。当方は当初、大石寿雄部長、望月弘車両課長、小生のほか、後輩1～2名だったと記憶する。内装については それぞれの独自性を出すため、営団側は中座して、再度、川崎車輌と顔を合わせる必要があった。それにしても、国鉄の方々と歩調を合わせられるかどうかと心配したのだが、星さんも谷さんも親切に誘導してくださり、アルミ車に対するわれわれの疑問点も解消することができたのである。

翌年、2本の増備車のうち1本は日本車輌に発注することになった。構体構造の基本は川崎車輌と同様だったが、側と屋根との繋ぎは溶接ではなく、ハック・ボルトによったと記憶している。

大きな変更は、前年車には外板にラッカー・クリアを吹付け塗装したのに対し、今回はステンレス。ワイヤ・ブラシによるヘア・ライン仕上げとして、完全無塗装化したことだ。これは塗装の省略だけでなく、その設備、公害排除設備、人件費などが不要になるという大きなメリットがあるのだが、外板表面が汚れやすくなり、洗浄にさまざまな工夫を凝らす必要を生じるという欠点を後々まで残すことになったことは否めない。

運輸省への認可申請

新造車両を調達するにあたっては、運輸省の設計認可が必要だった。その一連の手続きは、これも一仕事だったのである。

全く新しい構想の車両の認可申請に小生が矢面に立ったのは、この東西線のアルミ車が初めてだったと思う。正式な申請書を提出する前に、別途分かりやすい資料を作成して説明するのが習慣だった。ご担当の木村専門官に営団の寮にご足労いただき、大石部長と二人で対応した記憶がある。

しかし、分かりやすいはずだった資料は、忙しい真っ最中に書いたためにまるで日本語になっておらず、読みながら何度もつまずいて補足し、赤恥をかいたのだった。木村さんも大石部長も、よく我慢して聞いてくださったと、今でも思い出すと恥ずかしい。それでも「正式書類を出してください」となった時にはほっとしたものだ。

さらに膨大な書類と図面を整え、稟議《りんぎ》として営団内を回して、総裁までハンコをペタペタと押してもらった後、それを抱えて運輸省の若い担当官にもう一度説明して認可を待つのだが、不明な点が出てくると、そのつど呼び出されてご質問にお答えする。先方も上の人から聞かれて分からないとお困りだから、微に入り細を穿《うが》つので、時間がかかることおびただしい。これはまあ仕方がないことなのだろう。

日比谷線3000系の東武線内での大事故

こうして、東西線用車両輸送と次期の新車設計、さらにこの頃には既に始まっていた千代田線用試作車の設計でキリキリ舞いをしていた1966（昭和41）年12月の夜半、日比谷線3000系が東武線西新井駅で脱線車両との接触事故を起こした。自線内の事故であれば自宅に電話連絡が入るはずなのだが、相互直通の場合、その時の運転線区の社の所属車両として扱うという決まりだったために、窓口の運転部と、車両部も検車課が対応、設計係長までは必要なしということだったのだろうが、それを知ったのは翌日の朝刊だった。

側面がはぎ取られている写真を見て愕然とし、朝食も取らずに慌てて出勤したのだが、詳しい状況がなかなか掴めず、苦しみ抜いた。側面あるいは横方向からの車体強度と剛性の強化が如何ともしがたかったのが悔やまれる。

日比谷線中目黒駅で車止めを突破

「続く時は続いて起こる」のは航空機事故でも感じる時があるが、西新井駅の事故から半年余り後の1967(昭和42)年9月末の夜、故障した東武車を後続の営団車で推進していた営団の運転士が、誤って中目黒駅の引き上げ線の車止めに突っ込んだ。設計屋としても状況把握のために飛んでいった。東武鉄道の車両の車体前部は踏切事故を想定して頑丈な設計になっており、台車も強固な構造だった。それにしても引き上げ線の最奥から乗り出し、脱線した有り様は衝撃的だった。台車メーカーの設計陣も顔を見せ、その台車の損傷について議論した記憶がある。

この事故はソフト的な原因が第一ではあったが、ATCを装備した路線では考えにくいもので、さっそく、その動作位置を変更して対処された。また、その後、営団車の先頭部分の強度強化について東武鉄道から要請があり、ステンレス外板の内側に厚手の鋼板を当てて補強工事を実施したことも思い出される。東西線をはじめ、以降の路線の車両についても同様の処置を施したことはもちろんである。

地下区間が主体で、踏切もなく、最高速度も低かった「温室育ちの営団さん」には、後年、それ以外にも落とし穴があることが分かって慌てふためいたことがある。それはまた、その時期に触れたいと思う。

東西線5000系のコストダウン設計

新部長の大号令によって、5000系が実用一点張りの車両になったことは前述のとおりである。しかし、設計担当者としても、「電車の品格」を落とさない範囲で、低廉化を図ることは当然だ。車両メーカーからも、増備のつど、製造原価を下げるための設計変更や工作方法変更の希望が提出されていた。西船橋開業用の時だっただろうか。係内で衆知を集めて、営団側からの価格低減提案書を作ったことがある。その中で特に記憶に残っている一つが戸袋窓の廃止だ。

後輩から提案された考えで、ガラス、Hゴム、ガラス枠、蝶番《ちょうつがい》などの部品の廃止と取付け工数が不要になることによるコスト低減は、その代わりにステンレス鋼板で塞ぐための溶接に要するコストに比較して遥かに大きいことは火を見るよりも明らかだった。加えて長手座席の両端部分に落ち着きを与えることも考慮して賛成したのだが、「この意見が通るとは思いませんでした」と、提案者の北村孝行君の喜んだ顔が今でも目に浮かぶ。

後年、星晃さんから「自分の子供が外を見たがった経験があるので、私の目の黒いうちは、国鉄では戸袋窓はやめさせませんよ」と言われて「それも一理はあるのだが……」と思ったことではあった。

第7章　千代田線6000系の開発

石原理事の就任と大命題

千代田線の新車の構想にそろそろ手をつけようと考え始めたのは1964（昭和39）年夏のことだっただろうか。しかし、本格的に取りかかったのは、同年10月2日、東理事が退任、国鉄常務理事だった石原米彦運転部・車両部分掌理事が新しく就任されてしばらく経った頃だったと記憶する。

石原理事は勉強家で、かつアイデア・マン。特に新造車両の構想には非常な興味を示された。慣れてこられた頃、営団の車両の特徴をたびたびご進講させられたものだ。国鉄常磐線と相互直通する9号線（千代田線）の新車の構想策定には当初から諸々のご意見があり、「これから一緒に勉強しようよ」と言われたのが印象的だった。

国鉄時代には、運転屋さんとしては珍しく工作局に親しい知己が多く、車両そのものの知識も豊富だったから、それまで温めてこられた意欲が、よい意味で爆発したと言えるのではないだろうか。それは、初めて新設計の車両に携わることになった小生にとって、もっけの幸いでもあった。

結局、ご自身でいろいろ考えられた末、大命題が下った。即ち、９号線の車両についての簡単な要旨が書かれたＡ４判１枚の紙が「わしの希望じゃ」と手渡されたのである。それは以下のとおりである。

（１）耐用年数は40年以上とし、20年経っても陳腐化しないこと。
（２）混雑時には超満員の乗客に不快感を与えず、他方、将来、自家用車やタクシーと競合することが考えられるので、閑散時にはこれらに匹敵するほど快適な乗り心地で、かつ乗車意欲をそそるものであること。
（３）あらゆる技術を取り入れて、すべての面で能率のよい車両であること。
（４）保守が容易で、かつ、工場検査は予備品交換方式とするため、機械類や配線配管などの着脱容易なぎ装方式にすること。
（５）自重をできるだけ軽量化すること。

これを契機に小生等の本格的な勉強も始まった。当時は大石寿雄車両部長、望月弘車両課長の上司に、小生、刈田威彦君、それに続く後輩たち3～4人という設計陣だったと記憶する。しかし、部長や課長という役職者たちは「ジェネラリスト」という名前の下に、人事問題、社内外の折衝や雑用に追われ、新車の設計には縁遠くなるように変化していた。人事部の指導もあって、営団全体がそういう雰囲気になっていたと思う。

だから、理事からは小生や刈田君に直接電話があって、車体構体材料、台車方式、制御・ブレーキ方式などなど、詳細なご進講と活発な議論が行なわれた。一方、ご自身でも国鉄やメーカーの顔馴染みから知識を仕入れてこられるので、もちろん立場はわきまえたうえで、全く対等なフリー・ディスカッションが続いたのである。そして次から次へと質問と注文が降ってきた。そういうことを嫌がる人もいるだろうが、小生はとても楽しかった。

大抵、ご自身の一応の勉強が終わったお昼前くらいに「ちょっときてくれ」という電話がかかり、役員室に飛んでいくと、思いついたことのメモを渡されて意見を尋ねられる。こちらの説明の中に聞き慣れない語句が出てしまうと、必ず「ん？」となる。説明に詰まると「いや、今でなくてもいいんだ。調べて分かったら教えてくれ」となって、安堵の胸をなでおろす。一度は「ヤング率（弾性率）って何だ？」と聞かれたが、もう普通に使っている言葉なので、その定義がすぐには思い浮かばず、しどろもどろになった時もそうだった。

時々怒られはしたが、小生等が反発を感じるような発言はなく、当方からの提案や反対意見にも最後まで謙虚に耳を傾けられ、途中からご自分の意見を言いはじめたり、急に話題を変えたりするようなことも全くなかった。そして後でその場の議論をご自分で反芻され、必ず当方も納得できる適切な返事や指示が返ってきたのである。

ただ、昼前に宿題が出て「じゃあ、昼から聞かせてくれ」ということが多かった。昼食抜きで資料を作って持っていくと「おう、もうできたか。早いな！　昼飯は食べたか？」となる。食べている時間などあるものか！　今なら昼休みには仕事はしないということなのかもしれないが……。

人柄がよく、いささか慌てん坊で、自分が着ているチョッキや、今かけている眼鏡を「どこだどこだ」と探すことはしょっちゅうだった。だから、国鉄では「お殿様」というニック・ネームで呼ばれていたそうだが、まさに名言で、営団車両部でもそれを受け継いだのはもちろんである。

こうした上下お互いのやりとりの中で、気持ちよく千代田線６０００系の設計業務が進んだことは、それなりに当時としての好結果を生み、いつまでもよい思い出として残っていく。

チョッパ制御装置のテスト

将来の電気車の制御装置はソリッド・ステート（半導体回路）方式になるという話は聞いてはいたが、とうとうその時期に到達した。

当初、三菱電機から石原理事と望月部長以下に「チョッパ制御方式」なるものの提案があり、千代田線に採用することを前提に前向きに検討しようということになったと記憶する。しかし、全く新しいものだけに、実務責任を持つ課長やわれわれには、いささか逡巡するところがあった。しかし、石原理事と部課長・係長との打合せの席上、理事から「責任はすべてわしが持つ。しかし君たちも一緒に討ち死にするつもりでやって欲しい」という意味の発言があったので、前進することができたと言えよう。後年、望月弘部長の「あの言葉がなくて、俺の責任でやれと言われたら無理だったなあ」という言葉に裏づけられる。最高責任者の言葉には、それだけの重みがあるのだ。

メーカーとの打合せも進み、1965（昭和40）年、600ボルトの丸ノ内線中野基地でテストをすることになった。担当だった刈田君から「動いたから見て欲しい」という話があったので行ってみると、試験車2000形の車内は機器類で天井まで一杯、すり抜けて歩くほどだったのでびっくりした。初めてのバラック・セットだったからやむを得ない。まだ誘導障害の問題が解決していなかったので、真夜中だったと記憶する。とにかく、動くということは分かったのである。お互いの努力によってその後の進展は早かった。

続いて日立からも、同様の提案があり、今度は1500ボルトの日比谷線でテストが行なわれた。2両分の床が機器と回生ブレーキ電力消費用の蛍光灯で一杯になってはいたが、かなり小形化されていた覚えがある。

試作と意見交換が進むにつれ、2社に競争させたほうがよいという石原理事の決断で、以後は両者が並行して進むことになった。したがって、後述の第1次試作車の制御装置は両社に発注され、本線テストの運びとなったのである。

多忙の中の私生活と趣味生活

母は2度のくも膜下出血の再発を繰り返した後、いろいろと手数がかかるようになったために入院させていたのだが、1967（昭和42）年3月、老衰による心不全のために70歳で亡くなった。残念だったが、徐々に弱っていたので致し方がない。

それからしばらくして気をとり直し、1936（昭和11）年から30年余り住んでいた自宅を建て替えることにした。当時はまだ珍しかったプレハブ住宅で、何度も展示場を見に行った結果、「ナショナル住宅・京間サイズ・2階建て」を選択した。

自分で間取りを考え、建築会社と打ち合わせながら設計を進めていく。そのやり方は電車の設計・製作と全く同じだったから、非常に面白かった。それに、もう諦めかけていたのだが、2部屋の子供部屋を建て増す余裕を持たせておいたのが、後年役に立ったのは誠に幸いだった。

ローンを借りるにあたって代理店の建築会社に給与証明を渡した時、「鉄道関係は安い安いとは聞いていましたが、本当なんですねえ」と、年配の常務さんが感に堪えたように言われたのが思い出される。「細く長く」というのが鉄道の特徴であることは承知していたが、営団の給与体系もあったのだろうと想像する。後にかなり改善されたことは確かである。

辞書によると「高じる」とはよくない状態が進むことを言うらしいが、確かにそうかもしれない。入団後も、忙しいとは言いながら、奥方も嫌いではなかったので「労音」に入会、月に1度は一緒にコンサートやオペラに出かけていた。再び本社勤務になった1960（昭和35）年頃にはステレオ装置と、続いてテープ・レコーダーを購入、FM放送を楽しんだり、好きな作品を録音する程度のことをしてはいたのである。

1967（昭和42）年の秋からは、LPレコード（今ではCDとDVD）評論を目的とした『レコード芸術』という音楽雑誌の購読を開始、その直後に初めてLPレコードを求めはじめている。仕事自体はますます忙しくなったが、東西線車両輸送の折衝が一段落、母が亡くなって自宅の建て替え計画も進み、一息ついたからではなかっただろうか。

その後、まずいことに、好きなジャンルの個々の作品をいろいろな演奏で聴き比べるようになってLPレコード収集の泥沼にはまりこんでしまった。何年か前から正月の夜、NHKテレビでウィーン・フィルハーモニー管弦楽団の「ニューイヤー・コンサート」が放映されているが、小生の興味はあの類の音楽、つまりヨハン・シュトラウスとその周辺の作品に集約されていったのである。

営団後輩の松永君の学校友達がキング・レコードに勤務しておられ、30％引きで入手できたことがそれに拍車をかけた。また、その後、営団他部の若い人がレコード店と交渉して、どのレーベルのＬＰでも20％引きという手段ができたこと、さらには輸入レコード店巡りを開始し、輸入盤の通信販売にも手を染めるなど、一層エスカレートしていき、まさに泥沼であった。いや、現在もその小沼の中を泳ぎ回っている。

あの当時、忙しいのによくそこまで手が回ったなと、今さらながら自分で驚いてしまうが、月刊誌の『レコード芸術』が配達されると徹夜で読破、欲しいレコードはその日のうちに発注、時には海外に１００枚単位で注文していた記憶がある。しかし実際に入荷するのはその３分の１程度だったから、驚くには当たらない。

9号線車両設計委員会の発足

石原理事の発案で、１９６６（昭和41）年2月、千代田線の新車設計のシンク・タンクとして、タイトルのような名称の委員会を設けることになった。外部委員は石原理事が選定された当時の国鉄工作局車両設計事務所の次長さん方で、澤野周一、星晃、近藤恭三、内村守男、猪野淳之助さんなど、国鉄のそうそうたるメンバーだった。当方は理事・部長・課長・小生・刈田君の５名＋αくらいだっただろうか。

これも初めはどうなることかと心配したのだが、委員長の石原理事のざっくばらんな態度と誘導、委員の皆さんが優しい紳士揃いだったので、堅くなることもなく、和気あいあいのうちに進行したことは誠に幸いだった。それに、委員会の手配は秘書課の担当だったし、内容がその時の仕事のことなので、提出資料は簡単にまとめ直すだけで済んだから、議論に集中できたこともよかったと思う。

ただ、そうは言っても、小生は東西線5000系の複雑な輸送問題で、まだ国鉄の貨物関係の部署をかけずり回っている時期とも重なっていたために、誠に忙しかった。今から思えば、この委員会はいっときの息抜きと気分転換の場だったのかもしれない。

第1次試作車の製作

6000系の基礎的なテストを終え、新しい構想の目鼻が付いた頃だった。役員室に伺って石原理事と二人で試作車構想に向けての打合せをした時のことだ。それが一段落したところで、「よし、ちょっと総裁にお話してこよう！　一緒に来てくれ」と言われて慌てた。夏の暑い盛り。小生はいつもの半袖のホンコンシャツにネクタイもしない姿だったので、「総裁のところにこんな恰好では……」と申し上げると、「そんなことは構わん！」と一喝されて、しぶしぶと後に続いたのだった。

理事が要点をご説明になると、じっと聞いておられた牛島辰弥総裁が、大きな頬をブルブルと震わせながら頷いて、「よかろう、やってみろ」とおっしゃったのを覚えている。これが第１次試作車の製作が最終決定した瞬間だった。総裁も国鉄のご出身で、以前から技術的な問題にも前向きだった。その点でも全社一丸となっているように感じていたが、小生の営団在勤中、この気風はこの頃が絶頂だったような気がする。

こうして、千代田線の量産車は今後の新線の標準的な存在になるということから、営団では初めて試験研究費を予算計上して、３両編成の試作車を新製することになった。その立案を企画室や経理部に説明し、認めてもらうのにも相当な時間を要したような記憶がある。

なお、この車両が落成する少し前だったと思うが、チョッパ制御のユニット数が増えた時の誘導障害の程度と、内外のデザインの見直しを確認するため、量産先行車として３ユニット６Ｍ編成の「第２次試作車」を製作することになった。そのため、後になってから、この３両編成を「第１次試作車」と呼ぶようになった。

試験研究費で造ったものは、テスト終了後は潰してもよいわけだから、一同「思いつくものは何でもやってみよう」という気構えだった。しかし、極限まで軽量化してみようという希望は、静的なテストだけならともかく、東西線の本線で試運転を行なう必要性から、安全性の点で諦めざるを得なかったのである。

したがって、第1次試作車にはいろいろな試みが盛り込まれた。9号線車両設計委員会に報告して、委員の方々のご意見を伺ったことは当然だが、「それは絶対まずい」という問題はなかったと記憶している。経験豊かな委員方の具体的なご指摘やお話はとても参考になり、また楽しかった。

この頃、小生の悩みは設計係長が小生一人だということだった。車体と台車については過去の経験もあり、短時間でいかようにも判断できた。しかし、新しい半導体を用いた電機品については、制御・ブレーキ担当の刈田威彦君や補助電機品担当の山懸昌彦君、ぎ装担当の成田有三君などから相談や報告があっても、おいそれとは理解できず、勉強しようにも、東西線の車両輸送の件で時間がなく、その輸送の手順が狂ったら大変だということで頭が一杯。設計は後輩に任せるという状態がしばらく続いたのである。

だから、第1次試作車についてこれから述べる事柄の大部分は、理事以下、みんなの合作だと言ってよい。

(1) 全体構想

車体各部の苦心については以下のとおりだが、3両編成として2社のチョッパ制御装置を搭載、さらに本線試運転中にそれらが故障して走行不能に陥った場合を考慮して、従来形の抵抗制御装置も搭載した。したがって、3両編成の各車両の床下は満杯になった。

(2) 車体内外のデザイン

外観・室内の各デザインを汽車会社、日本車輌、川崎車輌の３社に依頼して、何種類か（合計で各40枚程度にもなった記憶だが）のパースを提出してもらった。大勢の職員に投票してもらおうという理事と部長の意見で、会議室にその全部を掲示した。しかし、予想したとおり、最高点を獲得したのは、前頭部が総ガラス張りの恰好よいものだった。１９９４（平成６）年に登場したフランス・ストラスブールのライトレール車両（ＬＲＶ）がこれによく似ている。その後の「アメニティ第一主義」の時代だったら、あるいはそれが採用されていたかもしれない。軽い接触事故でも大破することを覚悟してだが。

製作された6000系第１次試作車の前頭部モックアップ

(3) 前頭形状

その結果、デザインはわれわれで絞り込み、理事と部課長を交えて決定されたのが第１次試作車の形状だった。日本車輌の提案だが、サンフランシスコの地下鉄バートの影響を受けていることは否めない。しかし、それ以上に、前面の非常扉を前倒しに開くとその裏が階段になっており、非常の場合、乗客を容易に線路上に誘導できるというユニークな発想が盛り込まれていた。この提案には小生もアッと驚いたものだ。

前頭形状のモックアップ（実物大模型）に組み込まれた試作の扉が出来た時、開くと「ズシーン」という地響きとともに、扉の上端に組み込まれた足が飛び出して地面に叩きつけられる状態だった。だから、着想はよいのだが、一体どうなることかと心配したのだった。また、扉を開いた時にはその先端を線路上のどこかで支えることになるので、不安定であることも問題の一つだった。

発案者の日本車輌の二木庄一設計課長とデザイン担当の栗原征宏さんはこれを睨み、何回か手を加えた結果、ロープウェイの非常脱出に使用するスローダンとロープ、それに1本の支柱によって、この難題を見事に解決された。ただ、このように、メーカーから提案されたものは、その時点ではまだ完全なものではないということの証左でもあった。かつて大学の課外実習の時、海外雑誌の写真を参考に図面化したものが、そのまま売り込みの資料に使われたことが脳裏をよぎったのである。

いずれにせよ、当初はこの考案に称讃が集まり、実演して見せると、ヨーロッパなどからの団体客からは拍手が起こるほどだったが、幸い、現実にはその目的で使用したことは皆無で、もっぱら、車両基地の職員が乗降に便利に使っていた。その後、重連した時に通り抜けができないという運転部からの要請が勝って、半蔵門線の8000系で打止めとなったのはちょっぴり残念ではあったが、やむを得ないことだっただろう。

（4）室内デザイン

連結面の貫通路の幅を広くし、連結した車両をあたかも一室のように見せたいというのが理事と小生の希望だった。それを条件に各社にパースの作成を依頼したのである。その中で最も注目を集めたのが汽車会社の提案で、第1次試作車はほぼこれによっている。

貫通路の幅を広くするといっても、当初から、危険防止のために床面に近い下半分は幅を絞って「きのこ形」にすることを考えていたのだが、北陸での会合の後、近隣の私鉄を視察された石原理事が帰京するやいなや「里田君、あのデザインはもうやっとるぞ！　君の一番乗りではなかった。残念じゃなあ」という報告をいただいた。

量産車では期待どおり5両ぶっ通しの一室になり、広々として見通しがよかった。これも海外のお客さんから「オー、ボールルーム（舞踏室）！」と感嘆の言葉ももらったのだが、実際に走らせてみると風通しがよくて冬は寒く、捨てられた新聞紙が蝶のように舞って、2次車からは2両と3両で仕切ってしまった。「残念じゃった」が致し方ない。

なお、半蔵門線の8000系では、当時の関川行雄理事が北陸トンネルの火災事故に鑑みて「心配だから、何とか各車で仕切ってもらえんかなあ」という強いご希望があったため、元々の形に戻したのだった。これは総合的に見て正解だったと思う。

(5) 構体

軽量化と無塗装化を目的としたアルミ合金構体の提案と設計は川崎車輌に依頼した。当時のアルミ構体に対する経験の深さからである。台わく部と幕板部にも、全長にわたる長手の梁を通し、その間に高さの低い側窓を配置した構造で、縦剛性を稼ぐために窓を小さくしたのである。残念ながら見付けは悪くなったが、薄肉の大形押出し型材を用いることによって大幅に軽量化され、所期の目的は達成された。

構体構造はその後の解析法の進歩によって、剛性の改善や、応力集中度を低下させることが可能になり、有楽町線車両の半ば以降、1枚下降構造の大形窓になったと記憶する。また、最近はガラスの製造技術も向上し、超大形窓が採用されるようになって、一層開放感が味わえるようになった。ただ、地球温暖化やオゾン層破壊などの影響もあってか、日差しが強くなり、夏は暑い。フランス・ストラスブールのLRVと同様である。

(6) 車両メーカーの設計分担

いつの頃からか、車体の設計は部分を分けて分担してもらう習慣になっていた。この試作車では、偶然ながら、一番目につく前頭部デザインを日本車輌に、重要な構造体である構体設計を川崎車輌に、居住空間である室内デザインを汽車会社にと、具合よく提案メーカーに分けることができた。

当時はどの部分の設計を分担するかということに、メーカーの面子がかかっていたから、その努力に応え、また協力をしてもらう必要上、われわれはそのことに十分な配慮をする必要があったのである。

（7）スカート

車内外の防音効果を求めてスカートを取り付けてみようということになった。裏面に防音材（スプレイド・アスベスト）を張り詰めたアルミ合金製で、前面と側面全長にかけて全面的に取り付けた。測定の結果では2デシベル程度の低減で、耳では感じとれなかった。そのうえ、狭いトンネルの中で立ち往生した時の床下機器の点検のために、小蓋を開けてのぞき込み、やりにくい作業を行なうのが大変であることは目に見えていたので、第1次試作車だけで「はい、それまでよ」ということになった。

１９３０年代（昭和10年前後）に、工芸美術のアール・デコ様式の一環として世界各国に流行を見た流線形機関車のスカートと同様の運命をたどったのである。「歴史は繰り返す」の一端を担ってしまったのだと、感慨深いものがある。

なお、その当時、防音断熱材に適するとされていたアスベストは、以前から車体外板内側にも採用されていたが、身体への重大な影響があることが公表された直後に、異なる材料に交換したということだ。新しい材料については、車両メーカーでもユーザー側でも、その性質の判定は困難だから、今後の新開発材料については、素材メーカーで十分な検討を加えて欲しいものだ。

（8）室内のカラー・ダイナミクス

そのような大げさな言葉を使うまでもなく、室内色とその配色は、外観以上に人の好みが分かれるのではないだろうか。不特定多数の乗客に満足していただけるように選定しなければならないから大変だ。前述のとおり、この直前に自宅を建て替えた。だから、床・壁・カーテン・家具など、家族の好みなども加えてジタバタしたばかりだったのである。それが多少は役に立ったかもしれない。

この6000系第1次試作車の室内色についてはお殿様（石原理事）から特段の注文を頂戴した記憶がない。各素材メーカーから、内張り・天井・袖仕切りのアルミ合金ベースのメラミン樹脂化粧板・床表面材・座席表地などのいろいろな色・柄見本を取り寄せた。

そして、施設係当時以来ずっと一緒に仕事をしてきた松本俊美君に手伝ってもらい、かつ彼の鋭い指摘を受けながら、それらの材料をデスクの上で夜遅くまでかかって縦・横に組み合わせ、自分たちの気に入った暖色系の色・柄の組合せで「これだ！」と決めた覚えがある。営団では、車両の内外のデザインや色について、総裁の決済を仰ぐ習慣がなかったのである。

こうして、側化粧板はベージュ、天井板は淡いグレイのそれぞれ抽象柄、連結妻と袖仕切りは濃いブラウンの木目、座席を薄いレッド、床を淡いブラウンとしたのだった。やや重厚な感じである。しかし、完成した車内に入った瞬間に「床の色は失敗だ！」と感じて、第2次試作車以降はグレイに変更した。あまりにもアクセントが弱く、死んだような感じがしたからだ。色自体がいくらよくても、それらの配色は難しい。

⑼　おむすび形の吊り手

地下鉄と言えば、間接照明と並んでアメリカ原産のリコ式（跳上げ式）吊り手がシンボルの一つだった。材料が鋼製琺瑯《ほうろう》引きからグラス・ファイバー入りポリエステル樹脂に変わったが、混雑が激しくなった頃から、時々、跳ね上げた時に帽子を引っ掛けたり、眼鏡を割ることがあったため、その後のものはユリア樹脂製の普通の丸環式になっていた。環境条件の変化は恐ろしい。

６０００系については「丸環式は握りにくいから、まっすぐのほうがいいぞ。その断面は上下を長くして、左右が短い楕円だな。それでデザインしてみてくれ」とのお殿様のご託宣があった。川崎車輌代理店の浅山商会と相談して木型を作ってご覧に入れたところ、「これでは細くて握りにくい。デパートに行ってアイロンの柄を握ってみてこい！」と一喝され、慌てて松坂屋の電気品売場に走った記憶がある。

その結果生まれたのが、若干太めにした「おむすび形」の吊り手だ。メーカー、代理店と共同で防御的「意匠登録」を取った。その後各方面でお使いいただいているので、内心ほくそ笑んでいる。最近では韓国などでも見かけるが、意匠登録の期限が切れて以降、あちこちのメーカーで

6000系第１次試作車の車内。外観とともに室内も従来の通勤車両にない斬新なイメージになった。開放的な貫通路や座席仕切部の形状が目新しい。写真所蔵：交通新聞社

6000系第２次試作車の車内。１次試作車に続き２両にリクライニング機構を採用。座席仕切部から座面がはみだし、背ずりが倒れているのが分かる。座席仕切の形状は変更されている。天井の振りかけ冷房に対応の大形扇風機も新しい試み

造りはじめたのだそうだ。

この吊り手は、三角形の隅にかかる応力に耐え得るポリカーボネートという合成樹脂を用いることによって実現できたのだった。それから何年か経った時、突然、見知らない鉄道技術研究所の職員と名乗る方が息せき切って飛び込んでこられ、「今、あの三角形の吊り手を見ましたが、材料には何をお使いですか」とのお尋ねだった。同じような形状の吊り手の亀裂に悩んでおられたのだそうで「参考になりました」と言ってお帰りになった。そんなこともあるのだ。

ところが！　後年、大阪地下鉄最初の車両１００形の室内写真に、同じようなおむすび形の吊り手が写っているのを発見、顔から火がほとばしる思いがしたのである。まあ、音楽愛好趣味の世界でも「世界初演」という表示が間違っていることもあるから、この際はお許しいただこう。

(10) リクライニング式長手座席

これもお殿様の着想で、ピーク時には足を引くように浅く、昼間の閑散時にはリクライニングしてゆっくりと座れるように、座面を前方にずらしながら、背ずりを次第に倒していく方式の座席を、座席メーカーである泉製作所（後の日本リクライニング・シート）と共同で開発した。営業運転時には折り返し時に、いったんドアを閉めた時、空気シリンダによって編成の全座席を一斉に切り替えられるように考慮したものだ。第1次試作車では1両に、第2次試作車では2両分に採用した。動作は安定しているうえ、皆さんの評判も非常によく、小生としても会心の作だったのだが、時期尚早という理由でボツになったのは誠に残念だった。

(11) 照明広告

お殿様がトロントの地下鉄でご覧になって、いたくお気に召され、試作することになった。彼地ではアクリル広告板を用いて非常に奇麗だったそうだが、当方では経済的な見地から、紙製の中吊り広告をそのまま使用して、裏面から蛍光灯で照らす構造にした。それでも広告の色によっては非常に奇麗だったのである。

しかし、照明に要する消費電力量は馬鹿にならず、発熱量が甚だしくて車内温度が上昇するほどエネルギー効率が悪いこと、広告の取り付け取り外しが若干面倒にならざるを得ないことなどのため、取りやめることにした。

この照明広告は、当時の渡辺義人営業部分掌理事が非常に気に入られ、ちょうど設計中だった銀座線の1500N形に導入された。しかし、やはり上記の理由で、後年早めに取り外されて元の形に戻ったと記憶する。

最近は極めて効率がよく、誠に美しい照明看板が開発されているが、車両の室内広告として採用するのにはまだ高価なものだろう。

(12) 振りかけ冷房

営団ではトンネル冷房を行なっていて、車両冷房化が遅れていた。たとえトンネルを冷却しても車内は暑く、直通運転によって外に出た時には普通の電車と変わらない。したがって各部の分掌理事以下、職員一同は車両冷房計画を立てて準備を進めていたのである。いよいよこの問題の決裁を仰ごうとした役員会の席上、当時の総裁から「トンネル冷房をやっているんだろう。車両に冷房は要らんよ！」という一言でオジャンになってしまった。

その頃は役員会の下に企画委員会という総裁だけを除いた理事会があって、その会議では全員一致で「車両冷房やるべし」ということになっていたのだから、担当係長として末席で傍聴していた小生も驚いた。誰も反論しなかったのだ。

しかし、日比谷線と東西線の新車には、内緒でユニット・クーラー方式の冷房準備工事を進めてはいたのである。第１次試作車に対してどうしようかとなった時、やはりお殿様から「従来の冷房装置オンリーではなく、扇風機と組み合わせたらどうじゃ」というご下問があった。サービス・エリアが広くなるし、風によって体感温度が下がるから経済効果も高いという発想だ。その意味で、扇風機は標準の40センチではなく、50センチを使おうということになった。上述の理由から、量産車ですぐに使用するということではなく、試験的に採用してみようというつもりである。

こうしてその模索が始まり、刈田君が中心ではあったが、車体にも関係するので小生も一緒になって進めたのだった。その結果、冷房装置の製造工場がある三菱電機の長崎製作所で最終テストを終え、石原理事にも出張してもらったのだが、期待どおりの風が出てこないのだ。
「君等、一体何をやっていたんだ！」と、われわれ二人に爆弾が落下したのは当然のことだっただろう。それからまた考えを新たに改善を加えて、ようやく実現にこぎつけたのである。これは当時「通勤冷房」とか「振りかけ冷房」と呼んでいた方式だ。

日比谷線の火災事故

こうして公私ともに忙しい毎日を送っていたある日、それは1968（昭和43）年1月末のことだった。またまた日比谷線で大事故が発生した。六本木における東武車の火災である。制御装置の進段が重くなったために乗客を降ろしてそれなりの処置を施した後、千住車両基地に向かって回送中に断流器の接点が溶着して閉回路を構成、主抵抗器が過熱・発火、大火災に発展したものだった。トンネルの換気孔からはもうもうと黒煙が噴き出し、大騒ぎになっているという報告が隣の検車課に入ってきた。

煙が収まった頃に小生も現地に行ってみたところ、警察の方々が営団から提出したツナギ図（配線図）を見ながら一緒に原因追究の最中だった。営団の担当の説明を聞きながら理解の度を深めていかれた警察の担当者の鋭さに感嘆した記憶がある。

しかし、小生は車体の火災、つまり煙の成分のほうが心配だった。すぐに本社にとって返し、後輩たちに手分けして車体に使用している合成樹脂材料から出るガスの種類を調べてもらった。当時は「難燃材料を使用する」という規定だけだったので、単にそのテストに合格すればよく、迂闊にもそこまでの資料が揃っていなかったのだ。

真夜中までかかって調査した結果、以前から心配していたとおり、塩素系の有毒ガスを発生するものが多いことが分かった。さあ、大変だ！　今回の事故ではそれによる不都合はなかったものの、マス・メディアからの質問が殺到するのではないかということを想定したのだ。しかし、幸か不幸か、この問題も含めて、設計に関する問い合わせは全くなかった。ほっとしたような、気が抜けたような気持ちになったことは確かである。

事後、各方面とご相談したのだが、難燃化すれば有毒ガスの発生は避けがたく、当面やむを得ないという結論になった。内心、非常に悩んだことを思い出す。無煙化材料が開発されたのは、それから大分経ってからのことだったのである。

第1次試作車の認可と納入時期

前にも述べたように、新造車両の製作にあたって、運輸省との関係は現在のような届出制ではなく、まずご説明と同時に正式な認可申請書を提出、先方の審査とご質問に対するご説明を繰り返しながら、納得されたうえでその認可が下り、それから製作にかかるというのが建前だった。

6000系第1次試作車。スカートを取り付けて非常扉を開いた状態

しかし、提出から認可までには半年以上もかかるのが常だったから、いつも見切り発車していた。それでも車両完成間際までには認可されるのが普通だったのである。

特に全く新しい原理に基づくこの試作車の場合は一層の時間がかかったために、認可が下りる前に現物が完成し、深川検車区に納入されてしまったのだ。これは一大事であった。それが公にバレると、運輸省からはきついお叱りがあったり、なかには認可が取消になって開業できず、大騒動になった他社の事例があったほどなのだ。

石原理事は前任の理事とは異なり、PR活動には極めて積極的で、小生等にも事前に雑誌類に発表することを推奨されたので、多くの雑誌のご依頼に応えて書きまくった覚えがある。したがって、この斬新で一風変わった試作車の計画は鉄道業界には知れわたっていた。そのため、納入されたことがどこからか漏れたようで、新聞社や雑誌社からの写真撮影の申込みが広報課に殺到した。

小生等、車両関係者は認可が下りてからと主張したのだが、それがピンとはきていない広報課は、言われるままに承諾してしまっていたのである。「認可が下りたらすぐに連絡しますから、掲載はそれまで待ってください」と各社の担当者に念を押して撮影してもらったのだが、１社だけが抜け駆けで載せてしまったのだ。

写真撮影後のある朝、出勤するとすぐに、汽車会社の車体設計担当・中野保さんから電話がかかってきた。「里田さん、やられちゃったじゃない。どうするの運輸省は！」という内容だった。さっそく近くの書店に飛んで行き、言われた雑誌を購入してみると、まさに６０００系の全景はもちろん、非常口が開いて階段になっている写真までもがデカデカと掲載されていたのである。

これには、普段はあまり頭にこないほうだと思っていた小生も怒り心頭に発し、さっそく、その本社に電話して社長を怒鳴りつけたことが、昨日のことのように思い出される。

その時の運輸省の担当官は特に厳しい方だったから、へたをすれば話が総裁にまで上がり、営団中、大騒ぎになる恐れがあった。だから、汽車会社の担当が心配して電話をかけてくれたのだ。結果としては、どういうわけか特段のおとがめがなかったので、車両部一同、胸をなでおろしたのである。

しかし、その雑誌社は単に仕事上のミスを犯しただけではなく、信義に反することをしたのだという気持ちは今もって全く薄れていない。「長い目で将来を見てください」というようなことを言われたが、当事者としてみれば、そんな問題ではないのである。

柳沢運転・車両部長の就任

営団の車両設計に対する方向を変えられた大石車両部長は、約1カ月間、アメリカに出張して新しい知識を仕入れてこられた1年後、6000系第1次試作車の設計中、製作に着手する直前に病に倒れ、1967（昭和42）年4月、惜しくも亡くなられた。

その後任としてやはり国鉄の運転畑から柳沢忠雄車両部長が就任された。大柄で太っ腹、お酒大好き人間で、夜は営団本社近くの居酒屋に入り浸りだったが、その半面、非常に繊細な神経の持ち主だった。「技術的なことは任せるよ」というタイプではあったが、さすがに総合的な判断は的確で、親しみ深く、教えられることが多い人柄でもあった。そういう意味で、柳沢部長からはその後の薫陶を受けることになる。

見学に次ぐ見学への対応

1968（昭和43）年4月、無事に認可も下り、晴れて本線に出られることになったので、基地内で調整・走行試験を繰り返した後、東西線で約1年間の試運転に入った。刈田威彦君と櫛引啓寿君が交代で添乗し、チェックを重ねていた。

それと並行して多数の視察・見学の申込みを頂戴し、その対応に明け暮れる日が続くことになった。もちろん第2次試作車や量産車、そのほかの路線の新車の設計業務などのルーティン・ワークも忙しかったから、相変わらず目が回るようだった。

特に印象に残っている大形の見学会は、日本機械学会と鉄道友の会の視察団だ。機械学会のメンバーの中にはかなり高位の方々がおられたので、望月弘車両課長がご挨拶とご説明をされる予定だった。ところが、ご不幸があって、当日朝になってから「頼むよ」という電話があったのだ。大勢の人前で、しかも年配の学会員の方々にお話をするのは初めてのことだったから、いささか胃が痛くなったことは否めない。

鉄道友の会の場合は一層明確に記憶に残っている。見学が終わった後、質疑応答の時間が設けられた。試作車に直接関係する質問が多かったのは当然だが、若い人から「営団ではなぜ車両冷房をやらないんですか?」という疑問が呈されたのだ。前述のようないきさつだったから、当時はそれを口にすることすらご法度だったのである。まあ程々には理屈をつけて説明したのだが、根が小心な正直者だから、お答えにならないことも口走った記憶がある。

引率者だった吉村光夫さんが助け舟を出してくださって「営団さんにもいろいろご事情がおありになることでしょうから、この質問はこの辺で」と締めくくっていただいたことは今でも忘れられない。この時が初対面だったと記憶するが、その後もいろいろな場面でお世話になった方のお一人だ。

軽金属メーカーの視察

アルミ合金の勉強のために、石原理事のお供をして、軽金属メーカーの見学に行ったことがある。

形どおりの会社概要に始まって、工場概況の説明が終わり、研究所の人からアルミ合金についての説明になって佳境に入った頃、理事から「そこのところ、化学方程式で書くとどうなるんですか」という質問が飛んだ。これには小生も驚いたが、先方もびっくりされたらしい。国鉄の常務理事だった方が……という感じが窺えたが、黒板に式を書くと、またその具体的な疑問が出るという有様。残念ながら、小生にはチンプンカンプンだ。「研究所ではいろいろな添加物を加えたりして、試行錯誤の連続で大変なんでしょうね」と尋ねると、「いや、それはアメリカの会社がやるので、ここではそれを再現して確認する程度です」という答えに、今度は小生がびっくり。それでは研究所ではなくて調査課ではないか、新しい発想はすべてアメリカ任せなのか、もしその根源をストップされたら一体どうなるのか、という疑問だったが、「そういうことにはなりません」という説明だった。本当に大丈夫なのか、わが国の主体性はと思ったのだが、どういうことになっていくのだろうという疑問は今でも消えない。

続いて工場の生産ラインを見せてもらったところ、薄板の圧延工場で「こんなにキズのない奇麗な製品はアメリカではできないと、頼りにされています」と胸を張られた。ああ、やっぱり日本の工業は「物造り」オンリーなのか、と非常に驚き、がっかりしてしまった記憶がある。

高齢になってからヨーロッパに出張する機会が多かったが、そこでも諸々の発想の豊かさには仰天したと言ってよい。自分のことを棚に上げて言えば、中小企業によく見られる非常に特殊な技術・技能は別として、極端な表現だが、見よう見まねで製品化する工場の域を出ず、思想の点で後進性を脱し切れていないという感じがする。特に日本は総合力に欠けるということが、現在でも海外の識者から指摘されているのは事実である。

わが国の行政も識者ももちろんそのことをご存じで、手を打っておられることは承知しているのだが、現実はそのとおりに変化しているようには見受けられない。単に工業技術や鉄道技術の問題だけではなく、政治・行政・財界・法律・制度・司法・警察……などあらゆる面で、一般国民感情との乖離《かいり》はあまりにも大きい。いまだに明治時代の法令がまかり通っているものもあるし、また、上層部になられると、若い頃のことを忘れてしまわれるのだろうかとさえ思われることがある。この乖離を縮め、国民の立場に立った先進的な方向に進むよう、今後の若い方々の新しい発想と活躍に期待したい。

特許と実用新案、意匠登録

営団の車両にも、単独あるいはメーカーと共同で、大小の部品の特許・実用新案・意匠登録などを取得したものがある。これらはいずれも防御のために申請したものだ。関係のない人が先に登録すると、せっかく発案しても自分たちが使えなくなってしまう。６０００系量産車で、座席の一人区分を表地に織り込もうとしたら、鉄道車両業界では知らない人が既に登録していて、実施できなかったことがあった。

それ以降、新しいことを考案した場合は、営団単独で、あるいは共同開発したメーカーと連名出願の形で、特許庁に申請を提出することにしたのである。当時は防衛的な意味だけだったから、営団単独の時はもちろん、連名出願の場合はそのメーカーが製作するものについても、ほかで採用されることには全く異存がなく、使いたいというお断りをいただくと、むしろ「光栄です」とご挨拶したものだ。民営化された現在はどうなのだろう。

第2次試作車

第１次試作車ではチョッパ制御装置１ユニットのテストしかできなかったので、多数になった時の誘導障害の増加の程度をチェックすることを主目的として、３ユニット６両編成の電動車を、量産先行車として製作することになった。車体の不具合点やデザインの見直しも含めたことはもちろんである。

その結果、誘導障害に問題はないことが分かったのは幸いだった。一方、車体のデザインを議論した結果、お殿様からこんな希望が出されたのである。

「里田君、君はのっぺりした顔が好きらしいが、わしはもう少し彫りの深いほうがいいんじゃがなあ」「室内のスタンションは色が濃いし、形が少し目障りじゃ。もっとすっきりしたものにならんかなあ」というわけで、そのほか細部も含めて変更したのだった。

ただ、縦剛性を稼ぐために、車体側面の裾を下方に伸ばしたので、量産先行とは言いながら、小田急線の建築限界に抵触するという山岸君からの連絡で、代々木上原折り返しのスジにしか使えないことになってしまった。

石原理事海外出張の資料作り

お殿様がロンドンで開催される会議で講演されることになった。１９６８（昭和43）年秋のＵＩＴＰ（国際公共交通連合）総会だったと記憶する。理事は英語が達者で、会話も文章もなかなかの腕前だった。しかし、公式の場所での講演ともなれば、英語の専門家にチェックしてもらいたいとのお気持ちから、国鉄外務部の鎌田さんという方に依頼された。

小生は英字雑誌にある程度は目を通していたものの、書くのは和英辞書と首っ引きでやっと、喋るほうは全く経験がなかったのに、刈田君と二人でお手伝いすることになったのだ。これも当時としては「さあ、大変だ！」の部類に属する。

結局、お殿様が書かれた英字論文を鎌田さんが修正し、それをゆっくりと読まれるのを聞いていて、間違いがないかどうかを当方がチェックするといういささかきつい仕事だった。それでも、何カ所か意味を取り違えられた部分や、全く逆の表現になっていたところを指摘して、辛うじて面目を保ったのである。それが本当に的を射ていたかどうかは分からないし、聞き落としがあったかもしれない。無責任な話だが、まあ、鎌田さんも日本語で相談したうえで直しておられたから、大きな間違いはなかったはずだ。

その結果、理事の講演は大成功だったそうだし、会議後、ヨーロッパ各地の地下鉄を視察され、非常に詳しく見てこられたので、ご報告を伺って大いに参考になったものだ。しかし、翌年、そのとばっちりが小生に降りかかってくるとは、その時には予測できなかったのである。

第一子誕生

結婚してから5年間ほど、奥方は不二越鋼材に勤め、忙しい生活を送っていた。コンサートやオペラに行く傍ら、二人とも、あまり高低差のない高原歩きも好きだったので、よく1泊でウォーキングに行ったものだ。塩尻の高《たか》ボッチ高原から諏訪湖・清里・野辺山・飯盛《めしもり》山、高峰高原から浅間山西側外輪山尾根、前日光高原、裏磐梯など数え切れないが、蓼科高原の渋の湯から高見石を経て白駒池の山小屋で1泊、白樺尾根を経て稲子湯《いなごゆ》で昼食と入浴、小海線海尻への北八ヶ岳縦断のハイキングが、歩きの限界だった。

「そろそろ子供が欲しいな」ということになり、彼女は退社して専業主婦になったのだが、残念ながら子宝には恵まれなかった。後輩たちの間で「里田さんの前で、子供の話はご法度」と、随分気を使ってくれていることが耳に入った。申し訳ない気持ちにもなり、八方手を尽くしたのだが結果は芳しくなく、どうしようもなかった。いよいよ「もう諦めよう」という気持ちになった途端に妊娠したのだ。こういうことはよくあるらしい。

しかし、生まれてきた男子には心臓に欠陥があって、生後わずか3日間の命だった。当時「高齢初産の時に事例が多いのです」と聞かされたが、奥方の落胆は甚しく、特に1週間の休暇をもらって東北海道を半周し、気分転換を図った。担当の医師から「第二子からは心配ないので、頑張りなさい」と励まされ、それから3年後、6年後に、やはり男の子が生まれたのである。上司はもちろん、後輩たちも喜んでくれたのが嬉しかった。

第8章　初めての海外出張

海外出張の内示

営団は東京の地下鉄、地域的な企業だ。海外の情勢についてはメーカーに聞けばいいという雰囲気だった。ただ、海外の交通企業体とのお付き合いや、海外視察団に参加することもあった。また、日本最古・最大の地下鉄として、海外で講演や発表する機会もあったのだが、それらは理事クラスの仕事。また、開発途上国の新しい地下鉄計画などに対する技術協力や視察は部課長に年次順に割り当てられ、それも1回限りで権利落ちになるのが普通だったのである。

ところが、１９６９（昭和44）年春のこと、柳沢車両部長から「この秋、ヨーロッパに出張してもらうことになるかもしれないから、そのつもりでいるように。デュッセルドルフで開催される鉄道車両のシンポジウムで試作車のことを発表して、その後、ヨーロッパの地下鉄を見てくることになるだろう」という耳打ちがあった。それまで係長の分際での海外出張も、まして国際シンポジウムで発表した例は聞いたことがなかったから、営団では最初の例になることでもあり、非常に驚いた。

しかし、海外の鉄道や地下鉄には興味があったし、ちょうどドイツのＬＰカタログを入手して、まさにドイツにあこがれた時だったから、この出張がどんなに大変なことになるかにまでは思い至らず、ただただ「しめた！」と思ったのである。ドイツ語はもちろん、英語すら、ろくに喋れないことも考えずに……。それに奥方が最初の子供を妊娠し、間もなく出産の時期でもあった。ただ、子供が前述のような状況になったので、理事からも部長からも「出張には行けるか、大丈夫か」と尋ねられるほど心配をかけてしまったが、奥方もやがて元気を取り戻し、講演原稿の作成に知恵を貸してくれるまでに快復したのは、公私両面で本当に何よりだった。

お殿様からの宿題

内示はほぼ決まりということだから、具体的な話が進んでいった。石原理事からはさらに詳細に、ドイツの軽金属協会が主催するアルミ車体のシンポジウムであること、わが国の窓口は日本軽金属協会で、何人かの団体でシンポジウムに出席することになるが、「そのあとはヨーロッパの地下鉄を一人で回って見てこい」とのご託宣だった。

そのうえ、前年に理事ご自身の出張時に、各地下鉄で疑問に感じられたことの具体的な調査をしてくるように、というおまけまで付いた。その内容は次のようなものである。

・ハンブルク＝省力化が進んでおり、営団の半分の人員しかいない。その理由。
・ベルリン＝車体外板の塗装が奇麗で、塗り替え回帰が24年と長い。その理由。
・パリ＝中央指令所が非常によく整備されている。その内容。
・ロンドン＝アルミニウム車体の保守状況、特に洗浄方法。
・ウィーン＝地下鉄計画、自動運転も考慮している。その内容（これは小生の希望）。

「この5カ所以外にも見たいところがあれば見てきていいよ。期間は1カ月でも40日でも構わない」ということだった。さらに「君は電車の設計が専門だが、ヨーロッパの都市交通がどういうものかもよく見てきなさい。それに文化にも触れてこいよ」と、誠にありがたいサジェッションがあったのである。この「都市交通」というお言葉は深く脳裏に刻まれ、それが営団の仕事はもちろん、特に後年、新交通システムやLRTに携わることになった時にも大いに役立ったのだった。

同行のメンバーにおののく

こうして一緒に出張することになる一同が軽金属協会の一室で顔合わせをし、具体的な内容の説明を受けた。シンポジウムで発表する講師は4人。片岡博国鉄工作局長を筆頭に星晃川崎重工車両事業部車両設計部長（元国鉄副技師長）、三木忠直湘南モノレール常務（元国鉄鉄道技術研究所長）、それに小生なのだ。たかが係長の小生を除けば、日本の鉄道車両各界を代表する重鎮の方々だ。これは大変なことになったと思ったのは、今考えても不思議ではない。帰社して報告した時、多部さんが「それは位負けするなあ」と同情してくださったのが耳に残っている。

しかし、片岡さんからは「挨拶などの団長らしいことはやるけれども、内輪では団長という名前は遠慮したい。みんな一緒に仲よくいきましょう」と、その後に分かったお人柄そのもののご発言があり、感じ入ったことだった。そして本当にみんな平等、和気あいあいのうちに出張旅行を楽しむことができたのである。

そのほかに、シンポジウムを聞き、その後それぞれの直接の仕事のためにばらばらになってヨーロッパを駆け回る車両メーカーとアルミ・メーカーの旅慣れた人たちと、事務局としての協会の根本専務理事、それに旅行社の添乗員を加えて総計11人だった。海外は初めての小生も後日一人になって各地を巡らなければならない。

手続きが終わって、主催者である先方の協会からオール・カラーの立派なプログラムが送られてきた。セッションごとに講師の名前や役職が並んでいるのは普通なのだが、その上に国旗が掲げられているのだ。もちろん「日の丸」である。これには驚き「国を背負って行かなければならないのか」と思うと、またまた戦々恐々となってしまった。もっとも「ドイツ人というのは格式張っていて、大げさなことが好きなんだ」と割り切ったら落ち着いたのだが。

英会話の特訓

発表は独・仏・英の3カ国語のみ、通訳を介すのはダメ。さあ大変だ。発表文を英作文して読むだけならまだしも、質疑応答の時間を取るとある。幸い、石原理事ご自身が国鉄の外務部の紹介で週に1回イギリス人から英語を習おうとしておられる時だった。「お迎えに行ってこい」と言われ、喋る自信はなかったが、ご命令では致し方がない。まあ、何とかなって、応接室で3人で話しはじめたのだが、小生は本当の片言なので、理事も「こりゃダメだ！」と感じられたらしい。その後出発までは気をきかせて毎回席を外され、1対1の特訓となった。

発表論文は、若干奥方の助けを借りたものの、小生が自分で書いたのだが、「喋れないのによく書けるね」と、そのイギリス人の先生が驚いたように首を捻られたのが面白かった。もっとも大分直されはしたけれど。わが国の英語教育のあり方に問題があるのだと考えさせられた。

添乗員が驚いたスケジュール

初めての海外出張でもあり、特に一人になってからの公式な地下鉄訪問は週に1カ所か2カ所、土・日曜と水曜日は移動や休息にあてるよう、上司の方々も気を使ってくださった。海外出張規程では、移動の交通機関は飛行機ということになっている。

しかし、今度またいつ行けるか分からないわけだから、そんなにゆっくりするのはもったいない。上司と人事部に提出した日程は、上記の意向に沿ったものにしたのだが、実際の行程はトマス・クック社の『コンティネンタル・タイムテーブル』（現『ヨーロピアン』）と首っ引きで、自分の思いどおりに組んだのである。

つまり、公式訪問の予定は変えずに、都市間の移動はベルリンを除いて（当時は東ドイツ内の孤島だったので、鉄道で行くのはとても難しかった）鉄道とし、それも当時各国が競って投入していた最新式のＴＥＥ（Trans Europe Express＝固定編成の流線形列車が多かった）を極力利用することにした。だから、朝６時過ぎに出発して途中で乗換え、真夜中に到着するとか、夜行寝台も２回利用して時間を稼ぐとかだ。今ならユーレイル・パスの利用は当たり前なのだが、指定券類の手配を頼んだ添乗員から「これで本当に大丈夫ですか」と念を押されたほどだ。後日計算してみたら、一人になってからの３週間で、約８０００キロ乗っていた。

歓呼の声に送られて

当時の為替レートは１米ドル３６０円。外貨持ち出し限度額は５００ドル。これはかなりきつい貧乏旅行だった。しかし「足が出ないように」という上司の温かいお心遣いで、公式訪問時には多めの通訳費を付けたりして、余裕は持たせてもらった。だから、朝食は駅の売店でパンをかじって安くあげたりはしたけれど、TEE列車では食堂車のフル・コース料理を楽しんだり、フランス・ワインを頼んで、向かい側のヨーロッパ人の乗客に「それは高いよ！」と目をむかれる程度のことはできたのである。彼地の人たちは意外に締まり屋だ。食堂車で、小生は途中で追加を頼んだけれど、小瓶のビール1本だけで2〜3時間粘る人と同席して話し込んだこともあった。

羽田からDC8形機、アンカレッジ経由の北極回りで機内2泊という古い時代だったうえ、営団ではまだ珍しいことだったから、課長以下課員一同と、車両部各現業の幹部諸侯、それに奥方とその両親も合わせて何十人という見送り。万歳三唱の声に送られて搭乗口へと進むことになる。当時は家族が見送りにこないと「あの家はおかしいんじゃないの」という風評が立つような状況だったのである。

シンポジウム本番の苦しみ

シンポジウムは、デュッセルドルフで当時最高級の「コンティネンタル・ホテル」の国際会議場で開催されたのだが、まず驚いたのが、食事の時には世界各国の講師たちがばらばらに顔を合わせられるよう、指定席になっていたこと。大柄な白人ばかりの間に一人ぽつねんと座ることになったから慌てた。旅慣れた人ならともかく、初めての身であってみれば、誠に心細い。

シンポジウムで講演者席に着いた筆者。左は議長のパリ地下鉄総裁

向かい側には、カナダのホーカーシドレーの開発部長、左隣にドイツのリンケ・ホフマン・ブシュの技師長など、当時の世界の代表的車両メーカーの重鎮、右隣にはドイツ軽合金協会の常務理事が座り、それぞれがこもごも話しかけてこられる。それでもまあ、技術屋同士だから、話の内容はほぼ理解でき、事前の英語特訓の甲斐あって、会話を楽しむことができたのは誠に幸いだった。特に協会の常務理事がクラシック音楽愛好者だということが分かってからは、これから先に観劇を予定していたオペラや、楽器に関する話題で盛り上がったから「芸が身を助けて」くれたことになる。

いろいろなセッションが同一会場でシリーズで行なわれた中で、都市交通関係は発表者数が多かったので、割り当て時間が短かった。5分間で「営団の路線概要」「第1次試作車の概要」「アルミ車の経済性」「今後の計画」を一気呵成に読み上げた。しかし、スライドを使っての講演だから、間をとったり抑揚をつけたりして、たちまち5分が経ってしまう。議長のパリ地下鉄総裁が「ムッシウ！」と時間超過の合図をされるのだが、にっこりと頷くだけで「ままよ」とばかり押し通す。幸いなことに質問は出なかったので、赤恥をかかなくて済んだ。めでたしめでたし。

各地の地下鉄を巡る

シンポジウムの一環だった見学旅行がベルリンで終了、片岡工作局長がお別れのパーティを主催してくださり、翌日からユーレイル・パスを使っての一人旅となった。２日間ほどはいささか心細かったが、おおよそどこででも通じた英語にもかなり慣れてきたので、安心して旅を続けることができるようになった。

途中、同行の何人かと再会するスケジュールになっていた。特に星晃さんとはご一緒になる機会が多く、国鉄ＯＢとしても、川崎重工の設計部長さんとしても、また鉄道趣味の大先輩としても、随分親しくご指導やお付き合いをいただいて宿年の望みを果たすことができ、誠に喜びの極みだったのである。

こうして、ベルリンから一人寂しくフランクフルトに向けて飛んだのだが、それ以降、ロンドンまではユーレイル・パスを有効に使って、すべて鉄道を利用した旅だ。まず、フランクフルトでは開通直後の地下鉄に乗ってみた後、準急列車に飛び乗り、途中でＳＮＣＦ（フランス国鉄）のＴＥＥ「エトワール・デュ・ノール（北極星）」に乗り換えてロッテルダムに夜遅く到着、地下鉄の駅に行って車両の内外を見る。翌日早朝に出発、ＤＢ（ドイツ連邦鉄道）のＴＥＥ「ラインゴルト」でデュッセルドルフへ。昼食抜きで駅近くの映画館でＤＢのＰＲ映画特集を見た後、ＴＥＥ「パルジファル」でハンブルクに向かう。

ここでは3日間逗留して、9時から17時まで、地下鉄の車両部長から車両検査の概要と、検査機器、工数の説明を受けた後、夜行急行のワゴン・リー社の寝台車でウィーンへ。交通局ではシンポジウムで顔馴染みになった車両部長から英語を話せる若手の技師を紹介され、建設中の地下鉄と車両の概要を聞く。ケルン行きの:ＯＢＢ（オーストリア連邦鉄道）の特急「トランスアルピン」でインスブルック、さらにＤＢのＴＥＥ「メディオラヌム」でミュンヘンへ。

再びベルリンに飛び、地下鉄を再度訪れて外板塗装についての意見を聞いた後、今度はデュッセルドルフに飛ぶ。さらに、ＴＥＥ「ブラウアー・エンツィアン」でもう一度ミュンヘンへ。ここで星さんと合流して翌早朝から中央駅で何枚もの写真撮影の後、ご一緒にミュンヘン北方の小都市ドナウヴェルトのドイツ風アルミ車体を開発した車両メーカーＷＭＤ社を訪問する。ミュンヘンにとって返し、その足でＳＢＢ（スイス連邦鉄道）のＴＥＥ「バヴァリア」でチューリヒ、さらに同鉄道別形式のＴＥＥ「ティチーノ」でザンクト・ゴットハルト峠を越えてミラノへ。新しく開業した地下鉄2号線に乗ってみる。翌早朝、FS（イタリア国鉄）のTEE「リギュール」に乗り、ニースでSNCFのTEE「ミストラル」に接続して深夜パリ着。地下鉄で説明を受け、中央指令所ほか、車両現業を見学する。

ロンドン行きの夜行寝台列車「ナイト・フェリー」のワゴン・リー寝台車で寝ている間にドーヴァー海峡を航送されてロンドンへ。食堂車が2両連結されているのに驚く。ロンドン地下鉄では、アルミ車外板洗浄を中心に車両基地を見学。翌日はバーミンガムの名門車両メーカーであるメトロキャメルを訪問。アルミ車の製作現場を見学してロンドンに帰る。これで石原理事からの宿題も含めて出張報告もできる。やれやれであった。

オペラを観てレコードを買い漁る

ところで、一人になった後は、夜は空いているわけだから、できるだけオペラとオペレッタを見ることにしていた。理事から言われた「文化に触れる」わけだから大いばりだ。大変残念だったのは、ミラノで銀行爆破事件があってスカラ座が休演になり、当時新進気鋭だったアバド指揮の歌劇「セビリャの理髪師」が見られなかったことだ。

ウィーンではちょうど地下鉄が計画中だったので、それにかこつけてスケジュールに組み入れ、国立歌劇場ではヴェルディの歌劇「仮面舞踏会」を、また、フォルクスオーパー（国立オペレッタ劇場）でカールマン作曲のオペレッタ「マリツァ伯爵夫人」を見たり、ロンドンのコヴェント・ガーデン王立歌劇場で、ドビュッシーの「ペレアスとメリザンド」というなささか渋い歌劇を見た。この時のシンプルな舞台装置は世界的な話題になった。後日、石原理事が「里田君はウィーンにオペラを見に行ったんですよ」と外部の方に話題を提供してくださっていたが、それはご厚意だったと感謝している。

一方、各地でレコード店に飛び込み、好きなクラシックまがいの音楽と、地元の音楽、つまり民族音楽のＬＰを買い集めていった。特にウィーンでは両手でようやく持てるほどのＬＰを購入、ロンドンから帰国する時には、航空カバンの中は50枚ほどのＬＰが半分以上のスペースを占めていた。これらの主なものはＣＤに復刻されて今でも入手できるが、楽曲解説はＬＰのほうが格段に詳しいから、捨てる気にはならない。だから、２００３（平成15）年に建て替える前の自宅の２階の小生の部屋は床が傾き、波を打ったようになっていたのである。

パリとロンドンの食事

パリの地下鉄を訪問した時のこと。ここでは頼んでおいた通訳が来てくれなかったので、英語が堪能な若い広報官のご案内で見学した。遅めの昼食をブローニュの森の中の雰囲気のよい家庭的なレストランで、取り分けて食べる料理をご馳走になった。小生がおいしく食べているのを見て、ニコニコしながら「貴方は今までにおいでになった日本人の中で最高のお客様です」と言う。何のことかと思ったら「日本の方々は、大きなお皿に料理をほんのちょっと取って、もうたくさんですとおっしゃいます。貴方は大きく切り取って召しあがる」からだとの解説だった。よく言えば「健啖家でいらっしゃいますね」、端的な表現なら「大食らいだ」ということだ。なるほど！大いに心当たりがあったのである。

　また、かねてからあこがれていたロンドンのスモーク・サーモンとビーフ・ステーキ。初めて食べる機会があったのだが、どちらも落第！　がっかりしてしまった。日本のほうがよほどおいしい。その後、イギリス全土どこに行っても、大きなホテルやレストランの食事には感心したことがない。むしろ、田舎のパブ・レストランや、学生たちが行列して買っているフィッシュ・アンド・チップス、町の食堂風の店などで、これはうまいと感じたものだ。どうしてだろう。

　こうして公式出張日程をこなす道すがら、現地の文化にも触れ、休む間もなく乗り歩いたわけだが、当時のスーツ・ケースにはキャスターが付いていなかったために手で持ち歩かなければならないので相当に疲れてしまい、パリのホテルで半日ベッドに横たわり、体を癒す羽目になってしまった。ただ、ロンドンでの28日目の最後の夜、疲れも取れて「もう帰るのか」と思ったことも事実である。一人旅の楽しさを十分に味わった初めての海外出張だった。

第9章　千代田線直通運転と6000系量産車

車両課長になった頃

1970（昭和45）年2月、望月弘課長が車両部次長に昇任され、小生が車両課長ということになった。当時のこの部署は、新造車両の計画・設計、車両基地の計画・設計・改良の仕事が主体だったが、車両部の前向きのことに関する営団内外の技術的な窓口でもあった。つまり、車両そのものや、車両基地の車両保守機械装置類のメーカーとの接触が多く、営団内の他部、監督官庁などへの出入りも激しい。ただ、仕事の内容からも、汚れ仕事が主体の車両の保守という作業には直接関与しないから「象牙の塔」だとの批判も生じる。

就任にあたって、石原理事から、入団当時に宇田川車両課長から言われたこととほぼ同様で、より詳しい感想と注意があった。そのお話から、やはり車両メーカーとの清潔な関係を保つ必要性を改めて肝に銘じたことだった。営団職員は、刑法上、公務員と同様に扱われるから、任命者にも責任が及ぶ。その信頼に応えることが最も重要な問題だと感じたのである。

一方、部内では課長職以上はジェネラリストだという感覚が非常に強かったから「外向きの純粋な仕事は後輩に任せてしまえ」「内部を見ろ」「労働組合との付き合いに励め」という風潮にさいなまれることになる。もちろんそれも必要なことは当然で、部内人事などの会議への出席や、労働組合幹部との積極的な接触も行なわなければならない。

誠に幸いだったのは、営団の業務側と組合側との関係が極めて良好だったこと、また当時の書記長、後に営団労働組合委員長になった足助義郎君が車両部現業の出身で、教習で教えたことのある顔馴染みの優秀な後輩だったことだ。だから、労働組合の事情や思想、問題点、現業の実情、希望などの一面を、生の声で聞くことができたのである。彼に続く坪根眞君は私鉄総連委員長から都市交通審議会委員になったし、2008（平成20）年現在の営団労働組合委員長・岡住孝夫君も車両部の出身だ。

ただ、そうは言っても本業はおろそかにできないし、監督官庁、他鉄道、鉄道関係の協会、メーカーとのより深くなるお付き合いに加えて、関連の学会や内外の委員会に出席する機会も多くなっていく。ここでも鉄道趣味と音楽鑑賞趣味の二兎を追って虻蜂取らずになったのと同様に非常に困ったのだが、どちらかと言えば「そうは言っても」のほうに傾いていったような気がする。

軽金属車両委員会への参加

先のドイツでのシンポジウムを契機として、日本軽金属協会を事務局に、日本鉄道車輌工業会と共催で、国鉄と車両や軽金属メーカーによるアルミ車勉強の委員会が発足し、営団も参加することになった。軽金属協会はアルミ・メーカーの業界団体で、会長は各社長さんの持ち回りだったようだが、専務理事以下は直接採用の勉強家揃いだった。委員長は国鉄の車両設計事務所の車体担当の次長さん。転勤の激しい国鉄のこと、何代か変わられたし、メーカーの方々にも新しい知己ができて、大いに啓発された。歴代委員長は、卯之木十三、加藤亮、岡田直昭、松澤浩、望月旭、荒井汎さんといった顔ぶれだった。

毎月1回の委員会では、より合理的なアルミ構体構造、軽量化、製作工数の低減、構体各部に使用する各種アルミ合金材料の開発と試験、薄肉大形押出型材の開発などの勉強。また、東北新幹線をはじめ、札幌市交通局や営団の大形押出型材を用いた構体構造の検討、外板洗浄方法の調査・検討、アルミ車両にかぎらない内外鉄道情報の収集など、非常に多岐にわたった。

その結果、営団に対してもいろいろ宿題が投げかけられたので、後輩たちにも手分けをしてもらい、調査や資料作りに相当に忙しい委員会だったが、普段はご縁のない航空や船舶など、アルミ合金材料を使用している業界の工場見学なども催され、非常に参考になったのである。

そのなかで、特に印象に残っているのは、川崎重工の岐阜工場で見せていただいた旅客機の機体製作工程だ。軽量化のために構造材各部の肉を手作業で削っていく方法で、極限の追求結果だが、工程が莫大で、鉄道車両ではとても無理だ。

千代田線相互直通車両の打合せ

東西線までの直通運転打合せは途中から引き継ぐことになったので、最初からタッチしたのは千代田線の時が初めてだった。千代田線が乗り入れる国鉄、小田急だけでなく、8号線（有楽町線）の直通先の西武鉄道からも早く始めたいというご要望を頂戴したので、既に1969（昭和44）年春頃から、順次引き続いてそれら3社との打合せに入ったのではなかったかと思う。

接続する他鉄道との直通運転は、乗客の方々の利便性が飛躍的に向上するから実施するのが当然のことなのだが、当事者にとっては非常に辛い仕事になる。1983（昭和58）年に営団で発行した『東京地下鉄道千代田線建設史』に小生が次のように記している。

「……車体寸法や車両性能を統一する必要がある。また、乗務員が取り扱う機器やその配置・表示などについても、できるだけ統一しておくことが望ましい。さらにATCやATS、列車無線の方式が異なる場合は併設することも必要である。

これらの問題を踏まえ、営団では日比谷線の東武・東急との直通に関する車両の打合せの時以来、基本的な項目については覚書として営団総裁と社長（国鉄の場合は総裁）間で、また運転室機器など細部については車両部長（国鉄の場合は工作局長）間で申合せを取り交わす習慣になっている。その打合せは、車両・運転・信号・通信など各部門の担当者間で数多く行なわれるが、各企業体それぞれの経営独自性、伝統的習慣、路線条件や運転条件の相違などに制約されて、合意点を見いだすことは努力と忍耐を要する作業である。

今回の千代田線についても担当者の意見交換の場である幹事会、それを受けて打合せ項目の選択・決定をする分科会を設立、車両幹事会と同分科会、運転・車両合同幹事会と同分科会、運転・車両・電気合同幹事会と同分科会を、国鉄ならびに小田急とそれぞれ20回前後行なって合意に達したのである」（一部簡略化と追記）

今となってみれば思い出は尽きず、いろいろな方に知遇をいただき、非常に貴重な経験だったと懐かしい。しかし、当時も総合的に把握はしていたが、実務は実際の担当者に手分けをしてやってもらっていたため、現在でもおおよその記憶はあるものの、個々の問題については小生の頭の中は空っぽに等しく、これはどうしようもない。

国鉄との打合せ

千代田線綾瀬～代々木上原間の建設計画決定が１９６４（昭和39）年４月、国鉄との「列車の相互直通運転に関する覚書」交換が1965（昭和40）年3月、最初の着工が1966（昭和41）年7月、「車両規格覚書」交換が1970（昭和45）年2月となっている。

正確にいつから車両同士の打合せを始めたか、国鉄のどなただったかもぼんやりしているが、桑折謙三工作局長と石原理事のトップ会談にそれぞれのメンバーが同席してキック・オフされたと記憶している。

車両規格や細かいご相談は岡田直昭、谷雅夫、川添雄司、望月旭さんなどだったと思うが、この方々とはいたるところでお目にかかっていたので、あまり確かではない。

小田急との打合せ

「列車の相互直通運転に関する覚書」の交換が1968（昭和43）年8月、「車両規格覚書」の交換が1972（昭和47）年6月となっている。打合せのやり方や内容は国鉄の場合と同様だ。

当初の小田急の車両部長は、学生時代に経堂工場実習で直接ご指導いただいた小出寿太郎さんだったし、車両課長の河西龍一さんにも当時、お目にかかった記憶がある。それに何と言っても、中学の同期で、前に記したような間柄の山岸庸次郎君が中心だから、心強かったのである。

だから、というわけではないが、大きな問題で揉めた記憶はない。ただ、当初、小田急さんは通勤圏の奥が深いので準急で遠方まで乗り入れてほしい、車両性能もそれに見合ったものにして

5000系の前で開催された千代田線北千住～大手町間の開業式典。1969（昭和44）年12月20日・大手町駅。写真所蔵：交通新聞社

ほしい、車両冷房を取り付けてほしいというご要望があった。しかし、長距離の通勤運転となると、遅延が発生しやすくて営団線内のダイヤを乱す機会が多くなる恐れが大きい。また、車両冷房については前に記したようないきさつがあるので、接続駅で冷房電源を落としてから引き継いでいただくということに、運転部同士で決着したという記憶である。

6000系量産車の遅延

予定は遅れるものという世間相場に従って、6000系量産車は、各種の開発やテストが押せ押せで次第に遅れ、千代田線第1期開業の1969（昭和44）年12月に間に合わないことが明らかになってきた。幸いなことに、東西線にまだ増備の予定があったので、量産車完成までの間は、将来、東西線で増備予定の5000系で代用することになった。

それまでに第2次試作車での試運転も続け、さらに改良するという寸法である。もし、そういう手段がとれないような状況だったら大変なことになっていたはずだ。5000系にエメラルド・グリーンの帯を締めさせ、機械優先のCS（キャブシグナル）―ATCを搭載して、北千住〜大手町間の開通に臨んだのである。開業日の12月20日、小生は、初めての海外出張、ロンドンから帰国の途に就いた当日だった。

こうして、その後も、上から下までの役職員が一丸となり、アルミ合金車体、回生ブレーキ付きサイリスタ・チョッパ制御方式6000系の開発が続けられたのである。

6000系量産車のお披露目

さて、以上のような経緯をたどって開発した車両、世間からも高く評価された車両だったから、1971（昭和46）年春の営業運転に先だって車両のお披露目をすることになった。10両編成の列車の座席は、監督官庁の幹部の方々、開発でお世話になった学識経験者の方々、日本を代表する一流メーカーの社長さんはじめ幹部の方たち、それに大勢の報道陣で満杯。一方、営団側も、管理委員、総裁以下役員、部課長が乗り込んだ。

試運転を何度も繰り返して安定した走行状態になってはいたが、新開発で新しい設計の車両は油断ができない。いつ初期故障が起こるか分からないからだ。それまでも開通式のたびに、発車する直前には胸が締めつけられるようになったものだ。ゴツンとでもスゥーッとでもよいから、動き出してしまえばしめたものなのだ。

　誠に幸いなことに、この時は全くショックもなく、スゥーッと走り出したのだった。総裁に随行していた秘書課員が「さすがにチョッパ車は滑らかに走り出しますねえ」と感に堪えないように声をかけてきたのが嬉しかった。これが動かなかったらそれこそ大変で、その場で駆けずり回ることになり、恥はかくし、後でどんな爆弾が落ちてくるか分からない。

霞ケ関営業運転開始の朝

　こうして、１９７１（昭和46）年４月20日朝、いよいよ６０００系量産車の営業運転開始である。石原理事、望月弘次長と小生等二人は霞ケ関のホームで待ち合わせることになった。少し早めに行ってみると、またまた「さあ大変だ！」ということになっていた。室内灯を消した６０００系が１本、ホームに止まっているではないか。「サイリスタがパンクしちゃったんです」という添乗の現業係員の報告だ。「よりによって」と思ったが致し方ない。

　理事がみえて「これはなんじゃ！」となって、また大目玉を喰らう。試乗会の時のように、ちゃんと走ってくれればよいのにと誠に恨めしかった。まあ、新しいものに初期故障は付き物だということは当然と割り切って、今後の改善に期することにしたのである。

鉄道友の会ローレル賞を受賞

1971（昭和46）年7月9日、石原理事が副総裁に就任され、柳沢理事、望月車両部長という体制になる。

翌年8月下旬、鉄道友の会からローレル賞をいただくことになった。誠に光栄である。授賞式当日、天坊会長以下、友の会の役員の方々が営団本社においでになった。役員会議室にお通しして、総裁からお礼のご挨拶を申し上げ、一休みしてから授賞式が行なわれる綾瀬駅に行っていただく。授賞式は形どおりに進められ、一同喜びに浸ったことだった。

面白かったのは、友の会の役員の中に、翌年、営団車両部に入団する予定の佐藤公一君がいたことだ。当日は選考委員のお一人だから、丁重におもてなしをしたのだが、隙をみて「この野郎！」とからかった。彼はその夏休み、綾瀬工場に実習に来て顔馴染みになっていたからである。そして入団直前に鉄道友の会を退会したのだそうだ。「仕事と趣味とがごちゃ混ぜになるのはまずいと思った」ということだった。

省エネ車両への転換

6000系設計のアルミ車体やチョッパ制御の導入は、当初、消費電力量の低減による経済性の追求がその目的だった。

　その計画時点の経済計算、つまり東西線５０００系と比較した場合の消費電力量の節減は、アルミ車体による軽量化と、チョッパ制御による力行時の低減、同回生ブレーキによる電力回生、ならびに、チョッパの粘着性能の向上と軽量化とを合わせることによるＭＴ比の低減（従来の８Ｍ２Ｔ編成が６Ｍ４Ｔで可能）によるさらなる軽量化などを総合的に試算し、標準的な時隔で運転された時に、約39％と推定された。

　それに対して、初期投資額の増加分・借入金に対する利子・固定資産税の増加などを考慮した損益分岐年数は11年ないし12年、つまり大蔵省令による法定償却年数13年以内で達成し得ることが分かったのである。しかも、実際の車両寿命は30～40年と見込まれたから、その経済性はさらに一層高い。これがアルミ・チョッパ車採用の大きな根拠であった。

　しかし、１９７３（昭和48）年に起こった第１次石油危機は、省エネルギーという思想を日本全土に定着させ、６０００系も省エネルギーという観点からも、一躍脚光を浴びることになる。われわれもその時流に乗って、論点を若干変更したことは否めない。

　運輸省でもこれに目をつけ、補助金の交付が決まったと記憶する。鉄道輸送の消費エネルギーの原単位（一人１キロ運ぶのに消費するエネルギー）が、交通機関の中では、徒歩と自転車に次いで少ないということも、広く知られるようになってきた。鉄道車両全般の平均としても、同一条件で計算された乗用車の6分の1であることが運輸省情報統計部門の資料にも発表されたのである。また、温室効果ガスの排出量に至っては9分の1と記されており、当時から地球温暖化、環境の問題に鉄道が最も有利であることが立証されている。

会計検査院からの指摘

ほとんど毎年実施されている会計検査のある年の初日、呼び出されて「6000系の特徴を教えてくれませんか」というご質問があった。経済計算や技術資料を持参してご説明。かなり細かなご質問もあって「よく分かりました。ありがとう」で一段落した。しかし、肝心の話はそれからだったのである。それはそうだ、名にし負う会計検査院だもの。

「ところで、国鉄の車両は従来方式のようですが、営団線内では随分、電気をくうのでしょうね」「それは当然そうですねえ」「では、その差額はどうしていますか？　国鉄からもらっていますか」「いやあ、それは相互直通のお互いさまですから……」「そうはいかんのじゃないですか」

ここでようやく、小生は「敵」の真の目的に気づいたほどのぼんやり者だったのだ。しかし、どうしようもないことだ。検査官はその前日に国鉄に行き、詳しく調べてこられたうえでの質問だったらしいと、監事室から後で聞いた。

こうなると、車両部の計画課に報告し、国鉄との全体の窓口である運転部の判断に任せることになる。設計課（車両課が変身＝後述）としては、国鉄の車両にも積算電力計を取り付けてもらい、一日中の両者の正確な消費電力量の測定を行なうことにしたのである。

ところが、その結果の担当者からの報告は驚くべきものだった。全く同じ消費量だったというのだ。「どういうことなのだろう」と一同首をひねり、悩ましい一夜が明けた。そしてその日、両方の積算電力計を国鉄の大井工場に持ち込み、並列につないで電流を流してみたところ、全く正確に39％の差の目盛を指したという報告が入った。あまりにも計画値どおりピッタリの数字だったが、電力計の調整不良か故障だったということらしい。「やれやれ」と、技術的には安堵の胸をなでおろしたのである。

その後の折衝と、会計検査院からも国鉄に直接の指示があって、相互直通の紳士協定ゆえに営団としては不本意ではあったが、毎年、国鉄と、後に小田急から数千万円の払込みを受けることになったそうだ。商売としては当然のことなのかもしれないが。

第10章　新交通システムへの関与

騒音・振動対策研究会への参加

1971（昭和46）年、建設本部（トンネルの建設部門）と工務部（線路の敷設と保守部門）が合同で、大学教授などを交え、表題の研究会を発足することになった。「この問題は車両にも大いに関係がある」という石原理事の意見で、車両部もこれに参加することになった。理事・部長クラスが委員で、課長の面々が幹事になったのだが、車両の場合は設計的な事柄が多いので、矢面に立つ貧乏くじを引いたのはほとんど小生だったような気がする。

車両関係の外部委員として、これも石原理事の心当たりから国枝正春さんにお話しになり、ご了解が得られた。国枝さんは、元は国鉄鉄道技術研究所の車両運動研究室長、「松平・松井・国枝」と、航空界から戦後になって鉄道に転身された三羽烏のお一人で、斯界の重鎮、当時は石川島播磨重工業技術顧問として活躍しておられた。

まずは研究会の全体的なご説明とお願いに伺う。その後は会開催のつど、そのテーマと、特に車両部から提案・報告する場合は、その内容を事前にお目にかけ、お目通しの結果によって書き改めて提出することになる。何度も「石播豊洲《とよす》」にお伺いしたものだ。

研究会では、車両に関する車内外の振動・騒音の問題点、実施していることや計画中の事項の報告などの資料を作り、それらの委員会での説明、質疑応答への対応、それに対する先生方のご意見の集約と実施、またその報告という繰り返しである。大抵はスムーズに事が運ぶのだが、時には質問攻めにあうから油断はできない。そんな場合は、大抵、国枝さんから補足や口添えをいただいて、何とか切り抜けられたのだった。今でも記憶に残っている大きな提出テーマは、弾性車輪のテストとボルスタレス台車だっただろうか。また、国枝さんには車両部単独でもたびたびお知恵をいただいた。そんなこともあって、望月弘車両部長と夕食にお誘いする機会が多かった。その手配もまた小生の役目だ。だから、グルメやワイン、安くておいしくて雰囲気のよい手頃な名店などに関する書籍をむさぼり読んだのはこの頃である。

洋食・中華・和食と、自分で行ってみたいレストランを決め、選定したワインを飲みながらの食事は、話題が豊富で優しい国枝さんとの談笑と相まって、楽しい思い出の一つである。国枝さんがあまりアルコールにお強くなかったのがちょっと残念ではあったが……。しかし、翌朝、望月部長から「夕べのワインはよかった」とか「飯がちょっと」といった批評があるので、これもゆめゆめ油断はできなかったのである。

この研究会で非常に驚いたのは、会全体の懇親会の時のこと。委員のお一人、さる東大教授から「里田さんは完璧主義者ですね」と言われたことだ。完璧主義なのは教授という職業の方の専売だと思っていたから、まさか小生が、それも東大の教授からそう言われようとは想像もしていなかった。しかし、後年、どうも思い当たる節が生じた。この性格の人間に発症しやすいと言われる「心筋梗塞」の発作である。

社内報『地下鉄』の連載

1972（昭和47）年末の頃だっただろうか、大学の大先輩でもあり、いささかガラッパチの鈴木春夫広報課長が突然ふらふらと現れて、いきなり「おめえ、新交通システムっての、知ってるか？　おれにゃあ、聞いても読んでもさっぱり分かんねえ。素人にも分かるように、社内報に書けよ。じゃあ、頼んだぜ」とのたもうて、すっと消え失せられたのだ。これが、新交通システムとの長いお付き合いの始まりだった。

さあ、困った。言葉は聞いて知ってはいたが、地下鉄とはまるで関係がないと思って、詳しくは読んでいなかったのだ。だから鈴木課長よりも一層レベルが低い。しかし、端くれとは言え、車両を専門としている小生としては、意地でも断るわけにはいかない。というよりも、一方的な指示だけで断る暇もなく消えてしまったのだから、致し方ない。

さっそく、大急ぎで書店に行って、それらしきことが載っている本を2～3冊買い込んできた。確かに呂律が回らないような横文字の名前がたくさん並んでいて、内容をご存じなく訳されたのだろうか、説明を読んでも直訳体で、まるで日本語になっておらず、理解に苦しんだ。それらの本の中に、大きくアメリカ全体の交通問題から説き起こして、都市交通を論じた後に、新交通システムについてもほんのちょっとだけ簡単に述べたものがあった。

そこで、小生も各論を書く前に、地球規模の交通問題から手を染めて1カ月の時間を稼ぎ、並行して英字誌やアメリカのコンサルタントのレポートを集めて、開発のいきさつや、米交通省のコンセプトなどを読みあさり、何とか、新しい都市交通システムの全体像と、開発メーカーによる個別のシステムのハードの概略をまとめることができたのだった。

このシステムの開発は、都市交通問題の解決もさることながら、交通弱者対策と、宇宙開発の縮小によって余剰を生じた技術者の救済も目的だったから、投資額に糸目をつけない彼等が、大掛かりな設備で複雑なコンピュータ制御によるゴムタイヤ式の無人運転システムを考案したものだ。だから社内報では、これが本当に実現するだろうかという、小生の疑問を投げかける内容になっている。

5回にわたってこれを連載した社内報『地下鉄』誌は、「いろいろなメーカーの人たちがもらいにきましたよ」と後輩から聞いた。

実はその頃、日本の車両メーカーがこれに飛びついてアメリカのメーカーと技術提携を進めており、運輸省も乗り気になって、実現のための委員会の発足が間近に迫っていることを、小生は全く知らなかったのである。

新交通システムの委員会幹事に

社内報が出た直後くらいだっただろうか、ある日、運輸省からお呼び出しがあったので伺ってみると、「新交通システム委員会の幹事になって設計基準策定を手伝って欲しい」というお話だ。先に述べた理由で、小生自身はあまり気が進まなかったのだが、監督官庁の運輸省からのご依頼ではお断りし難く、お引き受けすることにした。ただ、小生は台車と車体が専門だから、コンピュータ制御や、保安問題の詳細は手に余るので、その道に造詣が深い当時設計課員だった水野幸信君を道連れにすることにした。彼がいなかったら、この仕事が務まらなかったことは疑いない。

また、この幹事は、調査と資料作りから委員会での説明まで係わることになり、相当な時間を費やすことが予想されたので、上司にも報告して「しょうがないな」という了解をもらったのである。事実、ぎりぎりの小人数で切り回していた設計課のメンバーに相当な迷惑をかけたことは否めない。

新交通システムの概念は承知しているつもりだったが、実際に携わったわけではないから、具体的な詳細は、技術提携していた日本メーカー8社からヒアリングを行ない、試運転線を造って試作車両と自動制御の試験を実施しつつあった現地を視察する必要があった。何しろ時間がないから、全国に散らばっているメーカーの訪問は残念ながら飛行機だ。それでも関西の川崎重工で調査視察の後、伊丹空港から新潟に向かって飛んだ時、快晴の中部山岳国立公園の中に槍ヶ岳がそびえ立っているのを見下ろした気持ちのよさは忘れられない。

当時、強力な推進者だった新潟鐵工の大野眞一さんには、総合的に教えていただいた。また、それから何十年かを経て、ＬＲＴについても、大野さんにはその先達のお一人としてご指導を賜ることになったのである。

こうして勉強する最終目的は、委員会に設計基準を提示して決定してもらうことだった。その資料は、運輸省のご意向も汲みながら、小生等二人がまとめる役目を仰せつかっていたから、その責任は非常に重大だったと言わざるを得ない。

小生は車体と台車、分岐器部分などを分担し、自動運転については水野君がまとめた。営団千代田線で採用した機械優先式ＣＳ―ＡＴＣの思想が役立ったことは申すまでもない。その実務の中心人物が信号屋出身の水野君だったのだから。彼が考え抜いた基準案は相当厳しいものになり、メーカーから強い泣きが入ったため、運輸省当局のお考えも加味して、フェイル・セーフの面で若干後退したものになってしまった。後に、まさにこの点を原因とする大事故が発生、水野君が「あのままで決まっていれば」と口惜しがった顔が、今でも強く思い出される。

2年余りを費やしただろうか、とにかく設計基準が完成、その後、逐次、新交通システムが実現していったことはご同慶の至りである。あれから三十数年、これが最後と言われる東京の日暮《にっぽ》里《り》・舎人《とねり》ライナーが2008（平成20）年に開業した。

ただ、当時、運輸省で中心的な推進者だった担当官が、後年、地方運輸局の高官になられてお訪ねした時、「あの新交通は高いものについちゃったなあ」と述懐しておられたから、小生と同様、後でそうお感じになったのだろう。

車両課の分離

こうしたなか、1973（昭和48）年2月、あまりにも忙しすぎる車両課の設計陣はそれに専心できるようにということや、仕事が集中しすぎるという意見によって、車両部に計画課が新設され、内外の窓口業務はそちらに移った。すなわち、今までの対外折衝の仕事を切り離し、新造車両と車両基地の具体的計画と設計業務だけが独立して設計課となり、小生は設計課長という肩書きに変わった。

ただ、実質的な説明が必要な時には同行することが多かったから、忙しさは多少減った程度だったが、精神的には随分楽になって余裕ができ、とてもありがたかった。その余裕を、前項の運輸省の新交通システム問題のお手伝いや、騒音振動対策研究会など、さらには自分自身の音楽鑑賞趣味に振り向けられたことは確かである

日本ヨハン・シュトラウス協会の設立

いつものことながら、こうして忙しい日々を送っていた1975（昭和50）年6月のある日、夕刊を読んでいた奥方が「あら、大変よ！」と珍しく大声で叫んだ。何事かと思ってその記事を見ると、見出しに「生誕150周年を記念して、日本ヨハン・シュトラウス協会が設立される」とある。今度は小生が「大変だ！」と叫ぶ番だった。

翌朝、仕事の合間の寸暇を盗んで電話し、さっそく入会手続きをとる。好きな音楽について詳しい方のお話や作品を聴いて楽しむつもりで参加したのだが、その後、小生も意外に多くの珍しい音源（レコードや録音テープ）と若干の知識を持っているらしいという皆さんのご意見で、むしろ、お話をする側、執筆する側になってしまった。

たとえば、月例会のレコード・コンサートの主催と解説、会報や会誌への執筆、月例会コンサートのプログラムの作成などのほか、蝶ネクタイを締めてステージに上がり、例会コンサートの

司会解説をする羽目にもなった。それはアマチュアの日本ヨハン・シュトラウス協会管弦楽団の時だけではなく、本職の東京都交響楽団の各楽器のトップ・メンバーのアンサンブルのことなどもあって、下調べに時間を費やして神経も使ったが、その半面、発散にもなったのである。本職の演奏家も小生のような素人の解説にも耳を傾けられ、「今の曲のあの部分の演奏はとても感銘深かった」などという感想を挟むと、後の懇親会で「誉められちゃった」と、とても喜んでくださったことを思い出す。また、上野の東京文化会館で開催された協会例会の東京交響楽団のコンサート・プログラムに曲目解説を執筆させられたことがある。営団本社は上野駅の反対側で近いから、後輩たちに券を売りつけて聴きにきてもらった時、そのプログラムに載った小生の名前を見て、彼等がアッと驚くような場面もあった。

またその後、新鮮で幅広い情報源として英国ヨハン・シュトラウス協会にも入会、さらに日本協会のコンサート部会委員、運営委員、資料部会長、理事を歴任することになった。しかし、出張などで欠席したり、司会解説の代役をお願いすることが多くなり、後にLRTのプロモーション活動をお手伝いする3回目の勤務が非常に忙しくなったため、すべての役職を辞退、平会員になって今日に至っている。

ただ、現在でも、時々はコンサートの感想文などを頼まれたり、コラムの執筆を受け持たされたりして、その準備と執筆に結構忙しい。

第11章　ボルスタレス台車の試作

有楽町線の計画

さて、都市交通審議会は差し迫った都心部と郊外とを結ぶ通勤通学難の対策を検討した結果、緊急整備の必要のある路線として、8号線（有楽町線）と10号線（都営新宿線）を取り上げ、8号線についてはは練馬において西武池袋線との相互直通運転の実施が方向づけられた。そしてこれが1968（昭和43）年12月、建設省から告示されてその建設が決定したのだった。諸々の関係から実際の着工は1970（昭和45）年8月、最初の区間の池袋〜銀座一丁目間が開業したのは1974（昭和49）年10月30日のことである。

前述のように、西武鉄道とは先方からのお話によって、1969（昭和44）年の春から始めたという記憶だが、それに先立つ1968（昭和43）年9月に「列車の相互直通運転に関する覚書」

が交換されている。その後打合せを重ねて、「車両規格」の交換が１９８３（昭和58）年5月だ。その間、実に14年を要したことになる。まあ、それだけ余裕をもってじっくりとご相談ができ、意見交換や相互の見学なども十分に行なわれたわけだ。それに、国鉄の図面によってご自分の所沢工場で新車をお造りになっていたくらいだったから、お考えが国鉄に似ておられ、国鉄との相互直通を経験したわれわれと大きな食い違いがなかったような気がしている。

当方は相変わらずのメンバーだが、西武側は当初、当分の間、加藤修車両部長を筆頭に、尾崎昇、篠田勝、新井東一、坂口昭夫、石渡栄一さんなど。後に部長が大木英夫さんに代わられての長いお付き合いだった。尾崎さんは穏やかな人格者で、後に役員になられたし、篠田さんには、横浜新都市交通に行かれた後にも何回か伺って、ご高説を拝聴したことだった。

東武鉄道とは、「都市高速鉄道13号線施行に関する基本事項についての覚書」交換が１９７５（昭和50）年8月、次いで「列車の相互直通運転に関する覚書」交換後、１９８５（昭和60）年6月に「車両規格」交換にこぎつけている。

７０００系の計画と設計

有楽町線は、千代田線の６０００系を標準車と名付けた直後に開通した路線だったから、７０００系については大幅な変更はできないとしても、「何か新機軸を考えましょうか」という小生等の問いかけに対し、柳沢忠雄理事は「そのままでいいよ」とのことだったので（石原副総裁に遠慮があるように感じられたが）、制御方式をＡＶＦチョッパ方式に進展させ、途中の増備車から側窓を大きな1枚ガラス落とし窓としたほか、正面の快速表示窓を除いて目につくところでは変更しなかったはずである。

しかし、この路線は民家の直下を通過する区間が多く、それに対処するために、保線関係部門の発案で、軌道をバラスト道床とし、その下に古いゴムタイヤを敷き詰めた防音防振構造にしたため、車両の基本は千代田線６０００系と全く同一であるのに、車内騒音は非常に小さくなった。

円弧踏面への変更

これは車輪踏面形状の変更に泣かされたお話だ。急曲線の多い地下鉄では、車輪横圧が大きくなって、保線屋泣かせだった。特に丸ノ内線がひどかった。３００形車両群の固定軸距が２３００ミリと長かったのも原因だったのだろう。

開業当初、丸ノ内線の車輪には踏面が水平の円筒踏面が採用されたのだが、曲線通過性が悪いこととともに、直線区間での復元力がないため片側に寄ってしまい、フランジ摩耗に悩まされて、間もなく国鉄標準の20分の1勾配の踏面に変更されていた。

一方、銀座線では本線に半径90メートル、基地内には60メートルという急曲線があるため、１９２

7（昭和2）年の開業時から10分の1の勾配だったので、走行はスムーズだった。先人の目は確かだったのだ。そのため、保線から丸ノ内線も10分の1にして欲しい、という要請があったのである。

車輪メーカーの知恵を借りて、曲線通過が滑らかになる円弧踏面（最初から、摩耗して安定した時と同じような形状にしておく）をテストすることになった。測定結果で確かに横圧は低下していた。しかし、踏面の変更というのは大変なものだということを思い知らされる結果となった。

長期試験に入ると、空転と滑走が連発して、運転部からの苦情が絶えない状況になった。最初は1編成だけだったこともあって、車輪とレールとが馴染んでいないから、ほんの一点でしか接触しないためである。以前の円筒から20分の1に変更した時にどうだったのか、小生は聞いた覚えがない。何とか運転部をなだめながら試験を継続していたのだが、耐え切れず、もう中止しようかと決心しかけた時、「ここまできたのだから、続けよう」と言ったのは、車両現業の元締めで、運転部との窓口にもなっていた検修課の大内鏡太郎課長だった。編成数を増やし、時間を経た結果、車輪踏面とレールとは次第に馴染んでいき、空転・滑走とも減少傾向になって、先行きが見えてきたのである。大内さんがおられなかったら、実現していなかっただろう。

ボルスタレス台車の試作試験

ちょうどその頃、住友金属から新しい防音台車の提案があった。部品点数を減らして防音効果を高めた台車という触れ込みだったと記憶する。それが、枕ばりのないボルスタレス台車だった。ヨーロッパではかなり普及しており、軽量化にも役立つので、試作・試験を実施することにしたのである。防音・防振・軽量などを特徴とするこの台車の問題点は、車体と台車わくに直接挟まれる空気ばねが倒れるように前後左右に変位するために、横剛性の低いものが求められること、また、そのためにも曲線通過性向上の必要があることだと感じられた。

試作台車の測定試験の結果、予測どおり、曲線通過時の車輪横圧が高いことが判明した。対策の一つは空気ばね横剛性のより一層の低減、もう一つは直接横圧を下げることだった。そこで思いついたのが、ちょうど燭光が見えてきた丸ノ内線で試験中の円弧踏面である。それらを取り入れて再度測定を実施し、この問題をクリアすることができた。

ただ、わが国の技術にはあまりにも直輸入されたものが多いのが残念だったので、欧州形の全くの丸写しではないわが国独自の発案による構造を考えてみたいと思った。その結果生まれたのが、門形牽引装置（車体と台車の間の推力と回転を司る装置）である。当初はミンデン台車の板ばねのように一枚板で計画したのだが、応力が高くなることが分かり、数枚に分割せざるを得なくなった。そのため、経年とともに摩耗が発生して使用に耐えなくなったのは残念だった。着想やコンセプト作りは欧米人のほうが一枚上手なのかもしれない。

試運転に立ち会った時に強く感じたことは、このタイプの台車は直線区間の多い新幹線のよう

半蔵門線の8000系に採用されたSS-101台車

な高速鉄道の車両に向くのではないか、一層安定した走行性能が得られるのではないか、ということだった。それを当時の運輸省営団担当官だった住田俊介さんに雑談でお話ししたらしい。氏が執筆された著書『世界の高速鉄道とスピードアップ』に「名前は出しませんでしたが、里田さんが言われたとおり、そう書きましたよ」とお聞きした。

ついでながら、このタイプの台車は、鉄輪式の電車としてはわが国で初めてのものだったので、愛称を付けることになった。担当していた後輩の樋口敏彦設計第1係長（当時）が「頂上を極めて、これ以上のものはない、みたいな表現はありませんかねえ」という戯言をヒントに「スーパー・サミット」を提案したのだが、メーカーのその方面の専門家の意見によって「SS台車」ということになった。キャッチ・コピーは難しい。

ただ、その後、この台車方式はいろいろな問題点が発生し、東京メトロでは、2006（平成18）年度の13号線（副都心線）用10000系新造車両から、さらに進化したものに変更されている。

10両編成重連テストで脱線

希に営業線で車両故障のため動けなくなり、後続列車で推進回送することがある。石原副総裁から「推進・牽引される故障した編成のブレーキがきかないことがあるだろうから、その時どうなるか、テストしてみるように」という指示があった。計算ではよく分からないので、綾瀬検車区の構内で6000系の現車を使って試験をすることにした。

直線区間を選び、低速で往復しながら速度や減速度を変えて繰り返し走行試験をしているうちに、「その線に別の編成を入れたいので、隣の留置線を使って欲しい」という話があったので、簡単にOKしたのだが、それが誤りの元だった。隣の線には、洗浄機を避けるためにS曲線があったのである。

小生はブレーキを殺した被推進編成側の連結面に近い席に座っていた。後進した時、つまり推進編成で引っ張り、その編成にブレーキをかけた時、体がふわっと宙に浮いたように感じたのである。連結面がちょうど曲線部にかかったために頑張りがきかず、ノン・ブレーキ側の先頭車体の連結器部分にバックリング（座屈）現象が発生、乗り上げた形になって脱線し、半分傾いて停車した。

その時の驚きは言葉では言い表せない。後から考えれば、当然そうなることは予測できたはずなのだが（そのためのテストだったのだから）、とにかく、軌道を壊し、架線柱の何本かをなぎ倒し、車体にもすり傷をつけてしまったのである。しかし、各担当区の人たちが区長以下大勢駆けつけてくれ、突貫で修復してもらえたのは誠にありがたく、幸いだった。

思い出すだけでもぞっとするし、お恥ずかしいかぎりで、さっそく上司にもお詫びに伺ったのだが、現実に推進回送する本線でも起こり得ることが立証でき、注意する必要があることが分かったということで、おとがめなく済んだのも、誠にありがたかった。

大雪の日

いつ頃だったか、はっきりとした記憶がないのだが、日曜日だった。関東地方では非常に珍しいほどの大雪が降り続いた。ちょうど課の旅行で石和《いさわ》温泉からクルマに便乗して甲州街道を帰京の途次、車内のラジオが、東京から西北の山間部へ向かう郊外電鉄で、雪の影響か、列車が追突したことを報じていた。ブレーキの問題だという推定原因も言っていたように思う。

われわれの乗っていたクルマもちょっときついブレーキをかけると、滑って方向が反対向きに回転してしまうほどだったのである。慎重に運転してもらってさえ、何度か怖い思いをしながらも無事に帰京できた。

営団のことを心配したが、まあ、都心の地下交通が主体で、外に出ても山間部ではないし、特段の放送もなく、ほっとして眠りについた。

ところが翌日出勤すると、妙な話が伝わってきた。千代田線の地上部のレールの上面に、一条の連続した痕跡が600メートルも続いている、というのだ。何だろう?ということを議論したのだが、車輪が滑ったとしか考えられなかった。初めての経験である。

担当課の先輩が、雪の経験が深い国鉄に聞きに行って、積雪時にはよくある現象で、耐雪ブレーキを採用したり、強いブレーキはかけないように注意する必要があるのだ、ということが分かった。それにしても600メートルも?　そういうこともあるらしい。先行列車がいなかったからよかったものの、もしそうだったら大事故になるところだった。

車両部も、運転部も、対策と教育を、今さらながら慌てて実施したというお粗末な結末になってしまったのである。「温室育ちの営団さん」の一コマだった。

第12章　半蔵門線8000系の開発

半蔵門線の計画

「11号線渋谷～蛎殻町《かきがらちょう》（仮称。開業時は水天宮前《すいてんぐうまえ》）」の区間名は随分以前から聞いていたような気がしていたが、免許申請が1969（昭和44）年のこと。実際に東急新玉川線と田園都市線との「相互直通運転に関する覚書」の交換は1972（昭和47）年7月、「相互直通車両の規格仕様に関する覚書」の交換が1978（昭和53）年6月である。

実質的な車両の打合せは、東急電鉄が前倒しで製造を始めたいというご希望から、かなり早くから始めた記憶がある。その結果、東急電鉄さんの直通車の基本になる前段の車両の製作は1975（昭和50）年から始まったらしい。その後、運転室の機器の配置、スイッチの位置や向き、色などについての細かい申し合わせ事項に至るまでに相当な期間を要したと記憶する。

東急側のメンバーは、斎藤秀夫車両部長を筆頭に、土志田恒夫、宮田道一、荻原俊夫、川口雄二、中野良男さんという精鋭部隊である。東急では、そのほか大勢の方々にいろいろな面でお世話になった。宮田さんや荻原さんとは、今もなお、趣味の世界でのお付き合いが続いている。

この打合せで一番難しかったのは、主幹制御器の問題だった。東急側のワンハンドル・マスコンの主張に対して、営団の、特に運転部が強硬に反対、従来方式にこだわった。われわれ車両側は東急車輛からも説明を聞き、現物も見せてもらっていたから、それほどには感じなかったために、部内の事前打合せで揉め、合同分科会でも揉めに揉めた記憶がある。結局、営団の運転が折れて、ワンハンドルに落ち着いたのだった。

鷺沼車両基地の計画と設計

半蔵門線の車両基地用地譲渡の話がいつ頃始まったか、明確な記憶がないが、この線には自線内に基地を設置する場所がなく、東急電鉄から用地を譲り受けることになった。先方からは長津《ながつ》田《た》と鷺沼《さぎぬま》のいずれでもよいと提示され、見学・比較した結果、営団線に近い鷺沼を選択した。それぞれの近傍をはじめ、余禄として、売出し中の沿線の高級住宅街をご案内いただいたのだが、その高級感に圧倒されて目を見張った記憶がある。

こうして鷺沼に車両基地（工場・検車区）が設けられることになり、詳細な設計が進められた。

従来から東急の車両基地が鷺沼に置かれており、それを造り直して営団基準の基地としたのだが、用地の形から、本線から直接入線できる区域と、一度折り返さなければならない区域ができる。その際、一刻も早く数多くの編成が出入庫できるよう、直接入線側に留置線を、折返し側に検車庫を配置したのだが、結果を見ると、逆にしたほうが、使い勝手がよかったようだ。

半蔵門線8000系の20分の１スケールの木製模型

この建設工事にあたって、建築課主管のご近所への説明と公聴会というものに初めて出席した。隣接する一部の住宅地が車庫用地より低くなっていたこともあって、「目の前に工場建物がそびえ立つのは目障りだ」というご意見が出たため、工場建屋と折返し線や留置線の終端を数メートル短縮したために長手方向の余裕がなくなって、建物の配置に四苦八苦し、若干無理な急曲線を入れざるを得なくなったことが思い出される。

8000系のコンセプト

半蔵門線は、若者の多い本屋街の一角にも寄る

完成直後の半蔵門線8000系の１次車。パープル色の帯が意外とアルミの外板に合う。新製時は冷房装置は取り付けず、準備工事のみで登場した

けれども、表参道や青山、三越前など、高級感のある土地柄を通るほか、相互直通する東急電鉄田園都市線が高級住宅地を貫くことになっていた。

沿線の居住者は、高所得ではあるが比較的若い人が多いということなどから、営団標準車と決まった千代田線の思想を踏襲しつつ、デザインを変えて、歯切れのよい明るいイメージを出そうということにしたのである。建築界が白色を好むようになった影響もあった。当時の関川行雄理事から も「ベートーヴェン的な重厚さじゃなくて、モーツァルト風な軽やかな味わいを出そうよ」というお話があったのはもっけの幸いだった。

ただ、車両完成後の試運転の時、口の悪い運転部の吉村新吉先輩から「千代田線が応接間なら、こっちはプレハブのような感じだね」と、辛口の批評もあった。

冷房装置の導入テスト

いよいよ車両冷房を採用することが具体化しそうになった頃、東急車輛で国鉄通勤車の構体と冷房用のダクトを借用、4万2000キロカロリーの標準品を用いたプレナム・チェインバー方式のダクトによるモックアップの冷房動作テストを行なった。下組みしたダクトを天井に持ち上げるのに、東急勢と営団設計陣に交じって、小生も一汗かいた覚えがある。その時は何の問題もなくテストは成功裏に終わった。

この方式は東急車輛の伊原一夫デザイン・センター長の推薦によるものだ。車両メーカーのID（インダストリアル・デザイン）委員会の委員長でもあった伊原さんには、8000系のデザインの提案をはじめ、いろいろな構想を教えていただいた。

伊原さんはものすごいオーディオ・マニアで、クラシック音楽録音盤にも通じておられ、CDなるものも、初めて伊原さんから見せていただいたのだった。当時お付き合いしていた方々の中で、この趣味でも、各種鉄道車両に詳しいことでも、同社の土岐實光専務と双璧だった。

しかし、いよいよ8000系の構体が完成した時、改めて冷房動作試験を行なった川崎重工の兵庫工場で真っ青になったことは忘れられない。何事も初めての場合は十分なテストを行なう必要性を感じた事例の一つである。

車両メーカーと冷房担当の電機メーカーの皆さんに、営団の設計陣が参加、構体にダクトと天井板を取り付けた状態で動作試験を実施した。ところが、冷風の吹き出しには場所によってムラがあり、しかも、屋根上に設置された冷房装置から下方鉛直に吹き付ける風が天井に当たる騒音レベルが、耐えがたいほど大きかったのである。

これではとても使い物にならない。前回テストした時は成功したのに、どうして？　納期までにそう余裕はない。真っ白になった頭の中にようやく浮かんだことは、若干屋根高さの低い営団車両では、屋根と天井との間隔が狭いこと、そのために天井板が共振するか、全体に共鳴するのではないかということだった。それなら、標準の下方吹き出しをやめて機器にエルボ形のダクトを設け、風向を直角に曲げて水平方向に吹き出したらどうかということを思いついた。がっくりして現場から会議室に戻る道すがら、その思いつきを発案者である東急車輛の伊原さんにお話し、「そうですね。そうすればいけるでしょう」というお答えをいただいた。

「さあ、どうしましょうか。名案はないでしょうか」と口火を切ったのだが、メーカー勢も営団勢もしーんとして声がない。伊原さんから「里田さんに考えがあるようだから、花を持たせよう」という根回しがあったのかどうかは分からない。しかし、いくら待っても、誰からも何の発言もなく、まるで砂漠に一人でいる時のような静けさが続いた。仕方なく前述の考え方をご披露したのである。

その結果、みんな賛成であること、ダクトの末端まで均一に吹き出すよう、適度な抵抗板を設けようということで収まり、それから何日か経って「うまくいきました」との報告を聞いたのだった。やれやれ。

後日、当時この機器担当だった後輩の原幹夫君が「これは特許か実用新案にならないか」という意味のことを三菱電機の営業畑の重鎮・内田金太郎さんに話してくれたが、「そりゃあ無理ですよ」と返答されていたのが耳に入った。内田さんは小生が営団に入った直後から、望月弘部長とご一緒にチョッパの価格交渉をした時代までの長いお付き合いだった。

フロン冷却チョッパの時代

千代田線6000系当初のチョッパ制御装置は、現業の大変な努力によって営業運転に支障は少なかったものの、サイリスタのブレーク・ダウンや、保護回路の誤動作に悩まされ続けた。しかし、製造技術の進歩と、回路の整理・単純化などが効を奏したうえ、装置一式を密閉箱に入れ、フロン・ガスによって冷却する方式となって、ようやく落ち着いてきたという感じだった。

当時はフロン・ガスがオゾン層を破壊して紫外線が直接地球に降り注ぎ、人体に悪影響を及ぼすなどということは知られていなかったから、チョッパもこれで安心だと思ったことは事実である。その問題がわが国に伝えられたのは、小生が営団を退職して三菱電機にお世話になっていた時だった。

最近の新車のインバータ制御装置の冷却は、熱放散のための冷却フィンを持った容器に収められた空冷式になっているから問題ない。

東西線の竜巻事故

それは1978（昭和53）年2月28日の夜のことだった。営団時代を通じて一生忘れられない大事故が発生した。その夜は設計課の懇親会、帰宅したのが夜中の12時をやや回った頃だった。玄関を入るやいなや、奥方が飛び出してきて「大変よ！　東西線で電車が転覆したわ。今、テレビのニュースに映っている」と言う。慌てて居間に駆け込んでテレビを見ると、確かに5000系が鉄橋の上で横転している。「突風のため」と言っていたようだが、一体どうしたんだろうと、そのままタクシーで営団本社に駆けつけた。

部長や各課長、課員も集まって、対策の分担を相談し、部長と検修課長は現地へ。小生はそのまま本社に残り、社内連絡と、課員とともに基礎的な解析をすることになった。

遅きに失した感は否めないが、ちょうどその直前、国鉄鉄道技術研究所にお願いして、設計課員の宇田川和利君が車両運動の勉強をしてきたところだったので、さっそく計算してもらう。転覆したのは中野行きの最後尾の2両だ。

翌日、現地に行ってみた。凄惨というよりほかはない状況だった。多部運転部長、藤原工務部長、望月弘車両部長などが電車の中で事後処理の鳩首会議だ。橋梁の途中だったので、結局、車体を細かく切断し、トラック・クレーンで吊り降ろすことになる。これも無残だった。

5月には、営団内に八十島義之助東大教授を委員長とし、大学教授、運輸省、気象庁、国鉄、運転協会、営団関係理事がメンバーの「東西線列車災害事故対策研究会」が設置され、小生らも陪席した。一時、先頭の車両が軽すぎるのではないか、橋梁の下から吹き上げる風の影響が大きかったのではないかなどの指摘があったが、結論は、秒速98メートルというものすごい竜巻によるもので、こうした事故に遭遇するのは1000年に1回の確率だとのことだった。

また、この委員会の報告書には、その風速の竜巻に耐え得る車両の重量は225トンになると記されており、宇田川君が推定計算した約250トンとほぼ同様な結論が示されている。また、時速80キロで走行中に、運転休止の限界である毎秒25メートルの風速に耐え得る車両重量は20トンくらいだということも分かった。もっとも、これは側面からだけの風を受けた場合のことで、現在ではいろいろな条件を加味して進んだ考え方の解析があるのだろう。ただ、最近は地球温暖化の結果、竜巻は大形化し、その発生頻度が高まっているから、今後、遭遇するリスクが増加するのではないかと心配ではある。

小形断面地下鉄

「トンネルの断面を小形にしてコストを下げる地下鉄の勉強をしたいのですが、いろいろ教えていただけませんか」というお話が、日立製作所からあったのはいつ頃だっただろうか。「いいですよ」とは言ったものの、毎月1回くらいの割合で先方の会議室でディスカッション。車両の小形化ばかりではなく、構築にも、軌道にも、電気設備にも、さらには信号や駅の設備にも関係してくるから、そのつど宿題をもらって帰り、関係各部の知り合いを駆け回って資料を集め、意見を聞くという仕事が増えた。電気部分の検討も必要になるから、刈田君にも声をかけ、二人で手分けしてこなしていった。

そのうち、日本地下鉄協会の主催で、小形断面地下鉄の委員会が開催されて衆知を集めることになったと記憶する。それから間もなく、単に小形化するだけではなく、車両のプロパルション・システム（駆動・ブレーキ系）にリニア・モータを用いてさらに一層の小形化を図る勉強会に発展したのだが、どういういきさつだったか、はっきりとは思い出せない。

小形断面地下鉄にも利害得失がある。営団の建設本部の友人たちの意見は「トンネル断面を小さくしても建設費にはほとんど影響しない。金がかかるのは駅部分だし、駅間をシールド工法でやるとしても、竪坑《たてこう》の建設費も、土砂の排出もかさむぞ」というものだった。「そんな委員会の委員になってるの」と言われたこともあった。

また、車両の価格比較をしてみた結果、車体の製作は労働集約産業なので、大きさが異なっても全体としては大差ないこと、むしろ断面が小さくなると剛性が低下し、それを補うために厚肉の材料を使用しなければならないために材料費が増加すること、電機品も特殊となって、むしろ価格が上昇することなどのことが分かってきていた。また、第三軌条方式にした場合、その受台が構築に食い込むため、車両だけで考えたほどにはトンネル断面は小さくならない。パンタ方式にすると、架空線との間隔が大きくとれないなどのほか、消費電力量が30%ほど増加する問題も指摘された。これらの問題点は、上記の勉強会や委員会に報告してはいたのである。

リニア地下鉄

ちょうどこの頃、運輸省の当時の土木・電気課長から「説明したいことがあるから来てくれ」という電話をいただいた。何かの問題の関係者全員へのご説明だと思って伺ったところ、小生一人だけだったので呆気にとられたのだが、「運輸省として、推進力にリニア・モータを使用した小形断面地下鉄の勉強をするから、委員として協力して欲しい」との趣旨だった。新交通システムの時と同様、直接の監督官庁からのご依頼だからお受けしたのだが、営団自身では、リニア地下鉄は輸送力にも問題があると感じていた

　さて、その後、リニア地下鉄の試験線と車両が完成したので、見にきて欲しいという連絡があったので、関川理事以下、望月弘部長、刈田威彦調査役、小生など4～5人で見学に行った。

　勉強会などで話には聞いていたが、リニア・モータを目の当たりにし、特に粘着運転ではないので、急勾配を登ることができるし、また急曲線にも強いという点が強調された詳細な説明を受け、試乗もさせてもらって、「なるほどこういうものか」ということが分かって大変勉強になった。

　見学が終わり、かなり具体的で活発な質疑応答が一段落したところで、「急勾配が登れることは分かりましたが、下り勾配ではどういうことになるんですか」と聞いてみた。ところが、しばらくしても説明がない。シーンとしてその場が白けてしまったことを覚えている。

　そこで営業技術の責任者から「里田さん、登れるんですから、下りる時も大丈夫ですよ。ご心配はいりませんよ」と、助け舟が出たのも印象に残った。それ以上は聞かなかったのだが、どういうことだったのだろうか。

　力行よりブレーキのほうが重要なのだから、当然、検討されていると思ったのだが、全くご返事がなかったので、「何か問題があるのかなあ」ということが脳裏をかすめたことは否めない。ただ、現在までには特段の問題も生じていないから、杞憂にすぎなかったのだろうと感じてはいるが、スペースの限られた構造なので、連続急勾配の場合でも、異常時に大丈夫なのだろうかという疑問が払しょくしきれていないのもまた事実である。

実は１９７４（昭和49）年に池袋から銀座一丁目まで有楽町線が開業し、７０００系の使用を開始した頃のことだが、延伸・建設区間である新木場までの具体的な路線設計にあたって、「一つ手前の辰巳から終点の新木場へは、地下から高架になるため、約９００メートルの区間がその一部に３００メートルと６６０メートルの曲線を付帯する33と34・５パーミルの連続勾配になる。車両性能は、満載時でも力行・ブレーキとも大丈夫か」という質問が建設本部からあった。連続勾配は車両にとって鬼門になることが多く、この程度なら感じとして問題ないと思ったが、念のため、コンピュータで計算してもらった結果、十分、余裕のあることが確認された。鉄道では、それほど勾配に対して神経質になっているものなのである。

関川理事からのご指示で、東西線行徳《ぎょうとく》検車区の曲線を付帯した勾配のある出入庫線で、リニア・モータ車のテストをしてみようかという話が持ち上がり、改めて現地を見にいったことがある。しかし、どういう理由だったかは分からないが、そのまま立ち消えになってしまった。

ＵＩＴＰ車両部会チョッパ分科会の開催

世界各都市の順番が回ってきて、１９８０（昭和55）年11月12～14日、営団と、やはり連合に名を連ねておられる東京都交通局が主催して、ＵＩＴＰ（国際公共交通連合）車両部会チョッパ分科会を開催した。実質的には営団の車両部が中心になるものの、総合的な窓口と種々の連絡は営団広報課に依頼、外務担当で英語が堪能な梁川彰玉君に一肌脱いでもらった。

出席者は、ベルリン、ブリュッセル、ハンブルク、リスボン、ロンドン、リヨン、マドリッド、メキシコ・シティ、ミラノ、パリ、大阪市交通局、東京都交通局、営団の部課長クラスやチョッパ制御の担当責任者という面々で、議長には関川理事のご意向で望月弘車両部長が指名され、小生はその補佐役を務めることになった。チョッパ分科会だから、営団の中心はもちろん刈田威彦君だが、配布資料作成をはじめ、小生も設計課員もその対応に大忙しだった。

しかし、国際会議ともなるとやはり大変で、遅くても半年以上前には案内通知を発送しなければならず、前年から準備を開始した。議事はもちろん、会場、見学旅行などのスケジュールの策定、宿泊ホテルの確保などは当然のことながら、案内通知や出欠回答、発表テーマとその概要など、すべて英語だから、それに目を通すだけでも一苦労。また、当日が迫ってくると会場の整備もあるし、なかには配布資料を会議受付当日に1部だけ持ってくる人もいて、翌朝までに全員分のコピーをとるなど、仮眠はとったものの、後輩たちと一緒に2晩は完全な徹夜作業になった。

会議は各地下鉄のチョッパ制御に関する考え方や現状の報告、それに対する質疑応答を順次進めたわけだが、議長の隣に座った小生は、片方の耳でその場のやりとりを聞き、もう一方の耳で同時通訳のやや遅れる日本語を聞きながら、次の瞬間に間髪を入れず、どう発言してもらうかという意見を、A4サイズの大きさの紙に、眼鏡なしでも見えるような大きな文字で書き、逐次、

東京で開催されたUITPのチョッパ分科会で議長を務める望月弘車両部長。左隣が進行をアテンドする筆者

議長に手渡すという作業に追われた。

会議終了後、営団6000系や都交通局の見学、新幹線を利用しての京都観光に続いて、大阪市交通局の視察とレセプションが催された。案内役となった営団勢はばらばらになってお相手を務めたが、レセプションでは大阪市交通局の赤松車両部長が歓迎のためにピアノを独奏されたのが特に印象に残っている。

また、東京に帰着後、営団の園村総裁以下、役員も出席して「八芳園」で最後の晩餐会が設定された。起伏のある庭を何人かで散策した時、メキシコ・シティの若い人から「日本の方々はメディテーション（冥想）にふけられるそうですね」と言われて、そんなことに全く縁のない小生は面喰らった覚えがある。当時でも、海外からはそのように見られていたらしい。

第13章　車両部長の仕事

車両部長になると

１９８０（昭和55）年に車両部次長に就任、１年間のその生活を経て、翌１９８１（昭和56）年2月、車両部長ということになった。設計課長の後任は松永健市郎君にお願いした。いつの頃からか、次長という職務に部長見習という意味合いが含まれるようになっていたのだ。

営団に職を得た時、母が「あんたは課長まではいくだろう。運がよければ部長になるかもしれない。だけど、それ以上は無理よ」と言っていたことが頭を離れてはいなかったから「いよいよ終着に達した」という感慨があったことは否めない。母親というものは息子のことをよく見ているものだ。前にも記したように、何しろストレスに弱いのだからどうしようもない。そのうえ、「会社勤めはあんたには向いていないような気がする。大学に残るほどの頭はないし、大学も泳ぐのが難しい。お金があったら、田舎で牧場でも経営するのがいいんだけどね」とも言った。もしそうしていたとしても、穀類が高騰した現在では大変だっただろうが……。

さて、これも前に述べたように、他の多くの企業体と同様「部課長はジェネラリストでなければならない。専門職ではない」という気風が強かった。当時、営団には専門職を部長待遇として処遇するという人事制度がなかったから、昇進が一つの目標であったとしても致し方なかっただろう。

しかし、先輩部長の様子から、部長職が「何と雑用に追い回される立場にあるものか」ということを目の当たりにしていた。それはそうだろう。その当時、新線開業や延伸、輸送力増強に伴う車両増備に対して人員を増強しない方針で進んでいたのだが、それでも車両部全体では、本社に五十余名、現業に1600名を擁する大所帯だったのである。

理事という後ろ盾はあるにしても、ラインとしては、設計・保守両面の技術的問題や、予決算はもちろん、人事・労務関係なども含めて、車両部関係のすべての責任を一身に背負うことになる。

部長の日常業務

基本的には、技術的・人的の両面から車両部の将来を見通し、役員や後輩たちと打合せて実行に移してもらうこと、車両や職員の現状を把握して咀嚼《そしゃく》し、かつ理事と部員の間に立ってその時点での方向づけをすること、本社の課長や課員はもちろん、現業長との意思疎通を図ること、他部の部長と連絡を密にして齟齬《そご》をきたさないようにすること、労働組合との良好な関係を保つ努力をすること、監督官庁やメーカー、学識経験者など、外部の方たちとの太いパイプを維持し、また、マス・メディアや書籍、雑誌などを通じて国や都の政策を把握したり、世界的な視野に立った近未来思考の素地を作ることなど、理想を追えば切りがない。

鉄道趣味の若い方々は、鉄道稼業の部長職がどんなことをしているかということにはご興味がないかもしれない。しかし、趣味の相手がどうなのかということ、また、若干特殊な企業体ではあったが、一般的にも、営団の部長たちが何をしていたのかということを知っていただき、現在と比較して、改める必要があると思われるところを見つけ出していただきたいと思う。

それでは実際はどうだったのか、当時を振り返り、かつての記憶をたどってみることにしたい。

部内の定常的な仕事

部長は自分で実務的な作業をすることは全くなくなり、自由時間に考えついたことを後輩たちに相談したり、指示して実行してもらうというのが基本だ。しかし、日常は、出勤すると、デスクの上には、回覧の書類や雑誌、新聞類、それに「稟議書」と称して、何れかの部の担当者が立案した計画・設計などの図面類が付属した押印を必要とする分厚い書類がうず高く積まれており、また、留守の間にお出でになった外部の方々の名刺が並べてあることも多い。

「稟議」という制度がいつどこで発生したのかは知らないが、細かな問題についても、関係の薄い課長にまで印鑑を押させ、責任の所在をぼやかすという官庁的な発想に基づくものだったと理解している。営団を退職して三菱電機にお世話になった時、そういう書類を見かけなかったので、中堅幹部に尋ねたところ「りんぎ？　稟議って何ですか」という答えが返ってきた。後で上級職から「あぁ、何十億円以上の契約の時に、役員と事業部長のところまでは一応回すこともありますよ」とのことだった。

普通の回覧のように回したら、各部を渡り歩くから、たちまち2～3カ月はかかってしまう。決定までに時間がかかるわけだ。だから担当者が「稟議の持ち回り」と称して、課長・部長・役員の席を駆け回って印鑑を押してもらう。

それでも、重要な書類を見落とすと大変なことになるし、内外の技術雑誌も見たい。その間にも、車両故障の報告や、相談事、車両部で立案する細かい事項の稟議書の説明を聞き、それに印鑑を押す仕事が飛び込んでくるから、午前中はそれらの処理だけで終わってしまう。会議や行事があれば、それらの仕事が午後か翌日に繰り越されるわけだ。

会議・行事・委員会への出席

現在はどうなっているかは知らないが、出席すべき会議や行事、会合（年に1回とか2回というものもあるが、週に2回、毎週、月例、随時というものが多い。この中には係長・課長時代から参画していたものも含んでいる）を当時のダイアリーから大まかに拾ってみると次のようになる。

【車両部内会議】新造・改造車両、車両基地の方向付け設計打合せ／車両メーカーとの大きな設計会議および新造車両製作工程会議／部課長・係長・現業長会議／事故（故障）調査会議／係長会議／職員採用計画会議／庶務担当者会議／主要人事打合せ

【車両部内行事】発令（異動・昇格・昇級などの）／助役登用面接／副掛長登用面接／現業管理者研修講義と懇親会（営団逗子寮で1泊）／新入団者父兄懇談会／車両部野球大会観戦・懇親会／成田山参詣／ふいご祭

【車両部内会合】異動歓送迎会／車両部定年退職者送別会／車両部幹部会／車両部旅行／車両部ゴルフ大会／設計課旅行／同志会（労務管理）／リーダー研究会（労務管理）／各種忘年会／冠婚葬祭

【営団内会議】関係部長会議／部長会議／関係役員会／役員会

【営団内委員会】（9号線）車両設計委員会／騒音・振動対策研究会／高温高湿対策検討委員会／ダイヤおよびレール調査委員会／建設総合委員会／雇用対策委員会／労働時間専門委員会／指名業者選定委員会／職場給食検討委員会／地下鉄建設史編集委員会／地下鉄互助会（現・メトロ文化財団）評議員会／地下鉄博物館建設委員会

【営団内行事】新線・延伸鍬入れ式・修祓式・開通式ならびに披露宴／新設計車両披露会／監事室部内監査／交通安全運動現業視察・懇親会／永年勤続者表彰式／発明考案表彰式／成人式／各種研修受講／駅伝大会観戦・懇親会／野球部大会観戦・懇親会

【営団内会合】指定職（本社部課長職）定年退職者送別会／役員・指定職忘年会／役員・指定職ゴルフ大会／告別式／同期会、人によっては出身校の会、出身県などの会

【外部会議】新造車両製造運輸省認可申請／相互直通に関する各鉄道との打合せ会議／車両基地用地譲渡会議

【外部委員会ほか】民営鉄道協会総会・各種委員会／地下鉄技術協議会総会・車両分科会／日本地下鉄協会総会・各種委員会／日本鉄道技術協会各種委員会／日本鉄道車輌工業会各種委員会／日本鉄道運転協会総会・各種委員会／他鉄道など各種見学会参加／小生の場合は、新交通システム設計検討委員会、小型地下鉄検討委員会、リニア・モータ地下鉄検討委員会、軽金属車両委員会、国際電気規格協会委員会（ＩＥＣ・ＴＣ９）

【監査・検査】国の会計検査、都の会計監査、運輸省車両監査などの当初のご挨拶と講評時
【私的懇談】関係者との懇談（主として車両部課長・現業長・他部の部長との個別懇談）
【執筆】鉄道趣味誌、各協会機関紙、機械学会誌、営団各線建設史など
【講演】各種講演会講義・聴講（自分の講義には相当の準備期間が要る）

なお、１９８１（昭和56）年7月、関川行雄理事が退任され、後任として国鉄副技師長から高取芳昭運転部・車両分掌理事が就任された。

現業とのお付き合い

部長職に就くと多方面とのお付き合いが深くなっていった。課長時代からのものも少なくないが、外部との関わりとして監督官庁、同業者、メーカーの方々との会議や懇親などの回数が増加する。また、地方の公営地下鉄や民鉄の車両部長さんや車両課長さん方が運輸省来訪の帰途お立ち寄りくださって、意見交換をする機会がかなり多かった。これはとても参考になり、有り難いことだった。

既述のとおり、小生は現業長の経験がないまま総括責任者的な立場になったけれども、現場の実情は現業長会議や労働組合などによって知ることはできた。しかし、組合幹部からは自分たち

の意見だけではなく、現業長からも直接実情を聞いて欲しいという感想もあったし、会議という大勢の前ではなかなか本音が出ないと感じていたので、できるだけ大勢の人たちと個別に1対1での懇親の場を設け、フリー・ディスカッションをすることにした。それも時が経ったり、異動があれば、見方や感じ方が変わるので、相当長期にわたって毎週2~3回、夜をその時間に充てていた。また、現業巡視などの際には、事後、作業職員の若手責任者も含めた懇親会を催してもらい、直接会話をする機会を得た。現業長からも現場の若手と直接意見交換をして欲しいという強い希望があったのである。

一方、新造車両が納入された際には、その1ロットについて1回、所属路線の工場の食堂で、メーカーの営業・設計・製造・検査の方々にもお出でをいただき、本社、工場・検車区の主だったメンバーと、工場食や購入した食料に男性職員の手料理を加え、近所の酒屋で調達したアルコール類も合わせて、安上がりの立食パーティを催すことにした。当番に当たった職員は大変だっただろうが、みんなで労をねぎらい合い、意見交換をすると同時に、懇親を深めてもらいたいという小生の願望だったのである。

毎年の初出勤の日

正月、初出勤の日、大抵は1月4日になるのだが、朝、出勤すると、まず、役員と部長クラスが役員会議室に集合して総裁のご挨拶。どこでも同じことだろう。軽く乾杯して部に帰り、すぐに車両部の新年会。テーブルの上を年末に片づけておいて、ビール、日本酒と、おつまみが並ぶ。部長としての年頭の挨拶とその年に予定されることの概要を説明、希望と期待を述べるのが習慣だ。これも多分、当時の常識的な日本のしきたりだった。

お昼近くになると、景気よく、庶務課長か誰かが「三本締め」で締めて終了した後、部課長や直接関係のある面々が、三々五々と、当時は上野・不忍池の反対側の池之端《いけのはた》近くにあった労働組合本部に向かう。

広い会議室にテーブルがしつらえてあり、ここでまた立食パーティだ。組合幹部、営団役員、それに営団本社や現業からも来た連中が入り乱れて、差しつ差されつの懇親の場と化す。公式なご挨拶などはなく、雰囲気が盛り上がる一方だったように記憶している。

夕方近くからは、何人かの営団役員と部長たちが、各部に置かれていた一般庶務と人事・労務を担当する庶務課長を伴って、今度は組合幹部たちとの二次会だ。

ここまで来ると、元来が頑健そのものではない小生にとって相当な難行で、疲れはててしまう。しかし、これらの場所で、いっそうの懇親が図られるばかりでなく、仕事のことが話題になって本音は出るし、また一方、労働組合幹部は部課長の品定めをするから、ほどほどに酔いながら、発言に気を使い、一時も油断はならない。これも業務サイドと労働組合のお付き合いの一環だ。

労働組合とのお付き合い

たびたび述べたように、営団の業務サイドと組合との関係は従来から非常にスムーズだったので、折に触れて話し合ったり、懇親を深める場が多かった。しかし、現業の若手の中には（と言っても中年の）少数ながらいわゆる反体制派の人たちもいたので、現業幹部はもちろん、労働組合の専従者も非常に気を使っていた。

車両部では、それらの事柄は庶務課長が取り仕切ってくれていた。小生が部長になった時、同時に就任した後輩の羽田宏庶務課長は、羽田孜元総理大臣の弟で、明るく、世話好きな性格だったから、小生は大いに助けられた。

ちなみに、彼は成城大学の出身で、その合唱団に所属していたので、小澤征爾指揮の下で歌う時などは、よく聴きに行ったものだ。後に、彼は、現役退職後、地下鉄互助会常務理事・地下鉄博物館長になったから、その資料閲覧でも、また、音響効果の割合よい100人ほど入れるホールでのコンサートや、「鉄道と音楽との出会い」という内容の小生の講演会でも随分とお世話になった。

車両改造工事業者とのお付き合い

車両の定期検査のほかに、新造時から年数を経た場合、床や座席表地を張り替えたり、電気配線の引き換え、内張りの張り替えなどの工事を行なう。これらはいわゆる下請けと称する外部の3～4社に車両部から直接委託していた。それらの会社に大きな方針を伝えるという仕事もあった。これらの会社間の融和を図る必要もある。

また、いろいろな理由で廃業する会社があったので、その代替の会社を探し求めたことがある。ある時は人事部の職員から、たまたまほかの電鉄に出入りしていた元営団職員が社長を務める会社を紹介され、時間的な穴をあけることなく引き続いて仕事をしてもらえたので助かったのである。

鉄道関係協会などとのお付き合い

鉄道関連の国内諸協会とのお付き合いも記憶に残る事柄の一つだ。いずれも課長時代から続いていたものだが、部長職になってからのほうがより深くなっていった。

(1) 日本民営鉄道協会

民営鉄道協会は私鉄の業界団体だが、営団や公営地下鉄も参加しており、技術畑は「土木」「運転」「車両」「電気」の4部会から構成されて、それぞれ調査・研究・横の連絡・運輸省との折衝などを、実務的に活発に行なっていた。小生も、定例的な会合に出席するほか、各種委員会の委員に指名されたり、「騒音対策研究分科会」主査などを務めた記憶がある。

これらの事務を司ったり、また年に1～2回、情報交換の場として部会ごとに泊まりがけで出かけることがあるから、その立案や手配などの世話役は協会職員が行なっておられた。さらに毎年の総会には各社役員などのお偉方も参加されることだから、相当お忙しかったようだ。

営団にも職員派遣のご依頼をいただいて、その人選に四苦八苦したことがあるが、彼らは顔も視野も広くなり、本音の情報も得られて大いに参考になり、とても役立ったようだった。

(2) 日本地下鉄協会

本文中にもたびたび触れたが、文字どおり地下鉄企業体の集まりだ。賛助会員として、車両・電機メーカーや商社の方々も参加されている。各種委員会や見学会、講演会が催されて、随分とお世話になった。機関誌『SUBWAY』には執筆したこともあるが、最近は特に内容が充実してきたように感じる。

また、営団退職後、比較的最近のことなのだが、協会編集の『世界の地下鉄』の編集顧問や、委員・幹事にご指名を頂戴し、小生はその改訂版にアメリカ合衆国各都市とブダペストを分担執筆している。何しろ世界中の地下鉄に関する話だから、いろいろな分野から人選されて、皆さん驚くほどご熱心だった。自宅で書籍・古い雑誌・資料やインターネットなどを参考にして執筆、編集会議では激論が戦わされ、広範な知識をお持ちの秋山芳弘編集委員・幹事長のご指導の下、積極的な事務局と出版社によって、立派な書籍が刊行されたことは誠に喜ばしい思い出であり、現在もなお、お付き合いが続いている。

（3）日本鉄道技術協会

鉄道企業体と鉄道関連業界各社が会員となり、委員会などで高度な鉄道技術についての議論が活発である。見学会や講演会も頻繁に開催されて、それらに参加もしたが、その機関誌『ＪＲＥＡ』は、鉄道技術そのものについてはわが国の代表的な内容を誇っている。

ここの専務理事さんは、国鉄のその道のお名前の通った方が就任なさっていたから、新しい技術開発についても積極的で、そういった事柄に関する委員会などでは、大家たちがメンバーとなって取り組んでおられた。小生もその端くれとして、よく協会事務所の会議室に伺った。

（4）日本鉄道車輌工業会

車両・電機メーカーの業界団体だが、鉄道側も参加して、各種委員会が頻繁に開催されていた。ここでも、小生は委員を務めたり、機関誌への執筆のご依頼を頂戴して、かなりの文章を載せていただいた。また、その編集委員をかなり長く務めることにもなった。この機関誌は内容が濃く、図面や写真類が豊富に掲載されていたからとても参考になったのだが、海外に情報が漏れることを心配される向きもあったと記憶する。ＪＩＳを扱う日本規格協会との関連も深かった。

また、研修会や講演会も頻繁に開かれて、小生も聴く側・お話しする側としても結構忙しい協会だった。

(5) 日本鉄道車両輸出組合

車両・電機メーカーと、鉄道車両や部品類の輸出入に関わる総合商社などの業界団体だが、われわれもご相談にあずかったり、車両の使用実績の証明書(サーティフィケーション)の署名や、海外からの視察者の応対のご依頼など、お付き合いも深かった。営団退職後も仕事柄、さらに一層接触が多くなり、今日現在でも、いろいろなことを教えていただいている。

また、ここでも『鉄道車両輸出組合報』という充実した機関誌が発行されており、ご依頼を頂戴して本職だった事柄はもちろん、それ以外にも、旅行記やエッセイ風な読み物を掲載していただいてきた。これも比較的近年の話だが。特に商社の若手職員を対象にした「営業に役立つ……」と銘打った記事に執筆を依頼され、「LRTとLRVの昨日・今日・明日」というタイトルで3回にわたって掲載された文章は、過去を通じて小生の書いたものの中では話題が広範に及んだ内容になったために、とても思い出深い。

(6) 海外鉄道技術協力協会

海外の鉄道建設や車両についての技術協力を目的として設立された団体で、国鉄からの出向や国鉄OBの方々が中心になり、車両・電機メーカー、商社や一部の鉄道企業体が会員となって、活発に活動されていた。営団も会員だったから、会合などに出席した記憶はあるが、いつの頃からか、営団からも職員を派遣するようになった。車両部にも要請があって、当初は人選に苦慮したが、様子が分かってきてからは、そのつど、人を代えて行ってもらった。言葉の問題もさることながら、先方の客先と国内メーカー、特に海外メーカーとの意見の食い違いや、納期、完成後のトラブルのために、その調整に苦労をかけたようだったが、みんな頑張って解決に導いてきてくれた。

また、この協会が発行する『世界の鉄道』という書籍は、海外鉄道に興味のある小生にはとても参考になったし、機関誌の記事も面白かったが、コンサルタント業務に関する説明文はいささか難しくて、はっきりとは理解できなかった記憶もある。

(7) 軽金属協会

この協会については第9章で詳しく触れたとおりだが、営団退職時までずっと頻繁なお付き合いが続いた。直接担当した車体設計の事柄や、鉄道全般に関する知識が得られる貴重な存在だった。

(8) 日本鉄道電気技術協会

「鉄道電化」「信号保安」「鉄道通信」の3協会が合併してこの名称になったのだそうだから、営団在職中には全く関係がなかった。その後になってから、お付き合いが始まった。

(9) 日本鉄道運転協会

この協会は、営団にいた頃から何らかの関係があって、時々お邪魔するようになっていた記憶があるが、やはり退職後にしばしばお付き合いがあった。

明けても暮れても人事、人事

部長としての大きな仕事だったのは、車両部の人事問題だ。何しろ、現業を含めて約1600名の大世帯だから、全部は見切れないにしても、本社の約50名と現業長（工場長、課長、検車区長）、それらの配下の助役、技術掛、さらに、作業職の責任者あたりまでは、成績査定や人事異動について、部長の判断を問われる慣習だったから、課長たちとも相談はするにしても、決断は下さなければならない。営団の人事制度は、職制（ポストと身分）が給与に関係したし、本社の課長クラス以上のいわゆる「指定職」の数が限られているから、仕事の内容を睨み、かつ学卒者と中卒者、高卒者のバランスを睨みながら、無駄なポストは作らないようには努めるものの、ある程度は新設しないとどうにもならなかったのである。

しかし、学卒者の中での追い抜きを考慮せざるを得ず、それが当然のようになっていった。当然のことながら、優秀な高卒者は指定職ポストに就いてもらうことも多くなっていく。小生らの入団以降のかなりの期間、毎年、あるいは1年おきに、相当数の学卒者が採用されていたけれども、こうした悩みをなくすために、その後は随分減らすようになっていたこともまた事実である。さらに、57歳という役職者の定年退職者の先行きの処遇を考えて、営団関連企業への再就職先を、人事部長や関連企業の幹部に依頼することも大きな仕事の一つだ。それには、それらの人たちとの普段からのお付き合いも欠かせなかった。

これらのほかにも、これは課長の時からなのだが、この人事問題については、本社の後輩たちと各現業長の成績査定をしなければならず、また、現業事務所の助役登用ならびに作業職の責任者に当たる副掛長登用の試験にも関わらなければならなかった。

人事部で作成した成績査定方法は常識的なものだったと思うし、各登用の筆記試験問題については庶務課で処理してくれていたが、問題は面接だった。4人の課長が大きな会議室の各隅に陣取り、部長は適当な位置で、受験者一人あたり10分くらいずつの面接である。その問題は、相手の人柄、能力、知識、判断力、洞察力などが引き出せるような内容を自分で考えて、対話の中でそれとなく当方が判断できるようにしなければならず、あまり堅くならない雰囲気作りにすることにも、相当に腐心したものだ。しかも、何十人という数だから、昼食を除いて、朝9時から夕方5時頃まではかかるし、一人ひとりのそれらの感触を直後に書き留めておかなければ、後で分からなくなってしまう。もしそうなれば、受験生たちに大変失礼になるから、慎重にことを運ばなければならない。終わった時には、全員がクタクタという有様になるのが常だったのである。

メトロ車両（株）の設立

正確に誰がいつ発想してその準備にスタートしたか、はっきりした記憶が薄れたのだが、メトロ車両（株）設立の目的の一つは営団自身の省力化と人件費の削減だ。この頃は、新線の開業にあたっても人員を既設線から捻り出して増やさず、同じ職員数で何とかまかなわなければならなかった時代である。

一方、定年退職者の受け皿をどうするかも大問題だった。前述のとおり、当時、営団職員の定年は60歳、本社係長以上や現業のそれ相当の役職者は57歳、選択定年と称して希望すれば55歳から定年扱いにすると定められていた。本社課長相当職以上の指定職の場合は55歳から退職となることもあったのである。しかし、それではまだまだ働き続けたい年代の人が多いし、ノウハウが失われてしまってももったいない。それらの命題を解決すべく、新会社設立の勉強が始まったのだった。車両部品の保守という直近の職務内容や、将来にわたって見据えた定款をどうしておくかなど、これも中心になって作業してもらったのは松永健市郎君で、小生はその報告を受けて相談にのり、上層部や人事部などとの打合せや、要所要所で顔を出して決定するのに追われた。

こうして作業は具体化し、１９８４（昭和59）年4月3日、車両部が管轄する関連企業「メトロ車両株式会社」を設立する運びとなった。初代社長には営団工務部生え抜きの前人事部分掌の渡辺時男理事が就任されることになった。一般役員と職員の人選や、設立にあたっての公式手続きとで駆けずり回ったことを思い出す。

「地下鉄博物館」の設立委員会

その当時、最大の営団関連企業体だった財団法人地下鉄互助会の手で「地下鉄博物館」を設立する話が持ち上がり、営団内にその委員会ができて委員になった。ただ、こうした委員会は、営団内にしても、外部から委嘱を受けたものも、大方は課長や係長クラスが中心になって構想をめぐらし、外部に委託して詳細を設計してもらった図面をもとに資料を作成して委員会に諮るという形式が多かったから、その場で質問をしてイエス・ノーを決めることになる。時には再度の検討を必要として宿題になることもあった程度だ。

この話はかなり以前から話題になり、車両部では、当時嘱託として残っておられた三田仙吉さん（初代丸ノ内線小石川車両工場長で、車両部次長で定年を迎えられた後までも、ずっとお世話になった）が、「交通博物館」から里帰りした銀座線1001号車の復元に全精力を注いでおられた。小生は深く調べたわけでもないのに、よくご相談にあずかったものだが、それもヒントにされて、図面などを実に綿密に掘り起こし、車両メーカーや工事事業者に製作や工事を頼んでおられる姿が見られたのである。

第14章　銀座線の近代化と01系

新造車両の設計

この当時、銀座線の車両は、いかにも老朽化が進み、大量に新車に置き換える時期になった。これもでも廃車代替として、1968（昭和43）年に60両、1981（昭和56）年に6両を増備、総両数は241両と大分前から変わらなかったが、比較的新しいほうの2000形を中心に、1933～34（昭和8～9）年に銀座と新橋開業用に製作された1200形と、戦後初めて1949（昭和24）年に新製された1300形は電気品を外して付随車としてなお走り続けていた。

それ以前から検討を続けていた営団としての銀座線全体の近代化計画が1982（昭和57）年1月の運賃改定を機に具体化し、その一環として車両も逐次新車に置き換えることが決定したのだった。

銀座線01系のパースの一例

さっそく設計には取りかかったのだが、小生自身は前述のように時間的に苦しく、松永設計課長や当時調査役だった刈田君、係長の黒川悦伸君、宇田川和利君たちにすっかりお任せすることになった。それでも、電気担当係長だった黒川君からは、たびたび電機メーカーとの設計会議に同席を求められて出席していたし、また、次のような事柄の相談を受けて決めた記憶がある。

車体内装のカラー・デザインや、刈田君の発案になる「形式・車両順序・編成番号」という表記順序。形式には銀座線が3号線ということから、小生も、刈田君や課員一同も3を付けたかったのだが、高取理事の「廃車代替の新しい形式の第一歩だから、1とすべき」という意向に押し切られて01系になったと記憶する。

また、赤坂見附で丸ノ内線と並ぶので、幕板部に黄色の帯を付すことを検討したのだが、この時は検討だけで終わり、小生退職後、丸ノ内線の02系で宇田川君が実現して

川崎重工で完成した銀座線01系。走行試験のために仮設のパンタグラフが取り付けられている

いる。これは「赤坂見附で両線が並んだ時に混雑時でもすぐに見分けがつくようにしておいてくださいよ」という日本ヨハン・シュトラウス協会の実質的な創立者で鉄道マニアでもあった故・保柳健さんからの提案だった。

高取理事の発案でもう一つ記憶にあるのが「床のエチケット・ライン」だ。「この頃の男性のお客さんの中には、長い脚を投げ出して座っている若者がいる。足を引っ込めてもらうのに、この線までだ、ということが分かるようなラインを床に入れようよ」ということである。そこで、座席前250ミリの位置で床の色を変えることにした。出入口からの一つの導線としても役に立つようにという考えもあった。実効果のほどは定かではないが、車内や駅の放送、ポスターなどで、相当に根気よくPRを続けなければいけないのかもしれない。

ＶＶＶＦ制御の時代が近づく

インバータ制御に熱心だった日立製作所から、その提案と現車テストの依頼があって、千代田線で実施したと記憶する。その成績はよかったのだが、チョッパ制御装置との経済比較をした結果、どうしても有利性が見出せないことが分かった。その理由は、ＶＶＶＦ用誘導電動機の概算見積りの価格がかなり高価であることのほか、民鉄協の故障統計で見ても営団は主電動機のフラッシュ・オーバー事故が少ないために、誘導電動機にブラシがなく、保守に費やす工数が低減しても、損益分岐年数がかなり遠のいてしまうということだった。

しかし、価格が上昇しても汚れ仕事を減らす意味からＶＶＶＦにすべきという高取理事からの強い希望もあったので、詳細な見積りをメーカーに依頼したのだが、督促しても一向に提出の気配が感じられない状況になっていた。

これは全くの推察だが、当初からＶＶＶＦ制御の採用に情熱を燃やしておられた関西の地下鉄さんの強いご希望で、メーカーもそちらのご意向に従わざるをえなかったのではないかと想像する。そのため、営団はＶＶＶＦ化には大きく遅れをとることになったことは否めない。

一斉車両冷房化の始まり

これまで営団は新区間の開通に次ぐ開通で、その時期に合わせて大量の新車を調達してきた。その結果、定期検査が一時期に集中することになるが、それは前倒しに実施することで何とか平準化していた。しかし、寿命も一斉にやってくることも避けられないから、その時に一斉に廃車して新車に置き換えることは資金的に不可能だ。

検修関係に携わっていた後輩の茂木暉君から、営団の新線建設予定も先が見えてきたこともあって、長期的な廃車代替新造基本計画を立てたいという提案があり、それをスタートさせた直後のことだった。

ちょうどその頃、運輸省に民鉄の運賃改定の申請が提出されていたのだが、運輸省から、それに合わせて可及的すみやかに全車両の冷房化を図るようにという指示が発せられた。検討の結果、改造工事には膨大な投資が必要となるため、その後の車両寿命を考慮すれば新車に置き換えたほうが得策だという結論になった。それに冷房化完成の最終年次が定められていたので、事は急ぎ、もったいないと思いながらも、既存車両はできるだけ地方私鉄に譲渡し、残りは廃車して新車を購入することが決定したのである。

だから、せっかく始めた廃車代替新造計画の平準化長期計画の勉強も中断せざるを得なくなり、当時はそのまま忘れ去られる運命をたどったのである。しかし、車両冷房は待ちに待ったものだったから、それもやむを得なかっただろう。

01系ローレル賞を受賞

1985（昭和60）年8月31日、01系がローレル賞に輝いた。浅草駅で、高取理事と小生ほか数人がホームに整列して、八十島義之助鉄道友の会会長から高取理事に賞状が授与されるという普通のやり方だった。その後、01系の試運転列車にご乗車いただくのも恒例の行事だ。

その車内だったか、01系試作車の時だったかはっきりしないのだが、鉄道友の会副会長をしておられた元汽車会社の高田隆雄さんと初めてご一緒に過ごし、長時間にわたって車両のご説明をしたり、親しくよもやまのお話をしたことは特に印象深い。それまでにも何度かお会いはしていたものの、いつも、上司をはじめ、先方も何人かの方々とのごあいさつ程度だったのである。

しかも、この時、大形で分厚い『PCCカー』という英文書籍を取り出され、あの柔和でご丁寧な口調で、「この本はきっとお役に立つと思います」とおっしゃって、小生にくださったのである。この本は、後年LRTの仕事に従事した時に本当に参考になり、感謝申し上げたことだった。

7号線（南北線）車両基地計画の発端

7号線の着工は1986（昭和61）年2月1日のことだった。しかし、その計画は1975（昭和50）年以前に始まっていた。突然、当時の建設本部分掌の黒田理事から「役員室に来てほしい」という電話があって、すぐに駆けつけた記憶がある。建設本部の理事から呼ばれるのは初めてだったのだが、「7号線の車庫は地下にせざるを得ないんだよ。新車搬入の方法を考えてみたんだが、これでどうだろう」というご下問だった。

たぶん、東西線最初の搬入のいきさつを覚えておられたのだろうと想像する。今度はコンクリート製搬入口の上に常設の本格的な走行クレーンを備えた頑丈な構造物が描かれていた。「かなり長期間になるので、こういうふうにしてみたんだけどね……」と。トラクターの経路や相応の設備も十分に考慮が払われた設計になっていたから、その場で「これなら申し分ありません」とお答えした。黒田理事は1976（昭和51）年の初めに退任しておられるから、着工よりも10年以上前のことだった。

地下検車区の計画・設計や、工場検査の計画は小生が部長職になってから、後輩たちが手がけてくれた。ほぼ出来上がった頃に見に行った記憶はあるけれども、南北線の最初の部分開業は、小生退職後、1991（平成3）年11月のことだ。

各部からいろいろな新しい構想が打ち出され、部長会議でディスカッションしたが、特に記憶に残っているのがホーム・ドアで、天井まで達するいわゆるスクリーン・ドアに投資するのはもったいないというのが、小生や建設本部の部課長の意見だった。しかし、後に、駅冷房で冷やされた空気がトンネルに逃げるのを防ぐために仕切りが必要という理屈をつけて決められたようだ。

この南北線の車両搬入の時には三菱電機の社員として見学させてもらったが、東西線の時と比べれば雲泥の差で、安定した吊り降ろし状態だった。そして、最初の開通式には、社長や事業部長のお供をして出席したのである。

地下鉄技術協議会車両部会の幹事役

全国の地下鉄を横断する連絡会として、表題の協議会が設けられており、総会は事務系が主体で出席するだけだったと思うが、その車両部会は各局団社の車両部が持ち回りで幹事役を務め、幹事となる事業体の保養所のような所を利用して開催することになっていた。小生退職の前年、営団車両部にその順番が巡ってきたのである。１９８６（昭和61）年10月初旬のことだ。何十人という役員や部課長クラスのお偉方が集まられるから、その準備と、司会・進行やご接待はなかなか大変だった。当時、営団では一番新しい軽井沢寮を選定、その裏方の采配を庶務課長だった羽田宏君に頼んだ。彼は長野県の出身、軽井沢は地元で、知己も多く、とても詳しかったのは幸いだった。

　さて、会議は食堂のテーブルとイスを並べ替えてしつらえ、まずは高取営団理事からの挨拶で始まる。その内容は小生も相談にあずかったのだが、これが大失敗！　景気のよい話をぶち上げてもらったのだが……。続いて、各局団社からの現況報告に移ったところ、全局社とも、赤字で苦しんでおられるご報告だったのである。東京は人口密度が高く、乗客数も多い。営団はどの路線も、まあ、混んでいる状態だったから、新線建設費とその利子が嵩み、累積赤字は抱え込んでいたものの、単年度は黒字になっていたのだ。調査不足というのか、常識に欠けていたと、われながら思わざるを得なかった。

　それでも、無事に終了して、やれやれだった。そして夜は大広間での夕食になる。ここでは、羽田君の地元であることがなお一層生きて、選抜されたセミ・プロたちの和太鼓の演奏や、民謡が始まって、普段は聴けないような珍しくて愉快な作品も加わり、邦楽には疎い小生でもとても楽しく、お客様方にも喜んでいただけたのである。

　また、最後の日は、午前中、バスをチャーターして近隣の名所旧跡をご案内したのだが、これも羽田君が行先の選定やこまごました案内を引き受けてくれて、小生もお客様ともども、それまで知らなかった所を楽しんだことを思い出す。そして最後にバスの中でアテンダントよろしく運転席を背後にしてご挨拶を申し上げて大団円になったのだった。これは営団最後の対外的に大きな行事の思い出になった。

定年退職

こうして、いよいよ退職の時が近づいてきた。当時の営団の定年は60歳、しかし自分からの選択定年制をとれば55歳から適用され、役職者は通常57歳ということになっていた。

小生はご縁があって、通常の役職定年の1年前、56歳で三菱電機に移ることになったのである。ユーザー（鉄道側）の設計屋だから総合的に一通りのことは分かるとはいえ、台車と車体が本職だったから、電気部分に関する知識の浅い小生に務まるかという不安が拭えなかったわけではないが、ご縁というものは不思議なものだ。まあ、結構忙しく、かつ、3年目から民間のLRT研究会に参加することになってからは、過去とは全く決別して未知の世界に飛び込み、かつて以上に忙しい毎日を送ることになる。

そうしたある日、それまでにもいろいろな場面でお目にかかる機会があってお世話になり、やはり国鉄から三菱電機に移っておられた久保敏さんから電話をいただいた。「ちょっと耳にしたのですが、今度、三菱にお出でになるそうですね。よろしく」という意味の内容だったと記憶する。「そうだ、久保さんは三菱電機におられるのだ」と心強く思ったことだった。

後のことにはなるが、幅広い鉄道一般や電車に対するより深い知識や判断を教えていただいたことはもちろんだが、趣味の音楽鑑賞の面でもご指導にあずかったのである。特に、伊丹製作所にご在勤中に小生が出張した時などは、大阪の「ザ・シンフォニーホール」にご一緒し、いろいろな演奏会をともに楽しんだ。

いよいよ退職

1954（昭和29）年に入団して以来、1987（昭和62）年までの33年間、初期に1年半ほど現場に出た以外は上野の本社車両部に通い詰めたから、名残は尽きなかったが、それは誰にでもあること。当時は2月半ばに「部付」ということになり、3月末日退職という決まりだった。

ご多分に漏れず、その少し前から送別会の連続、組織に則った半ば公式のもの、労働組合委員長以下有志たちによるもの、親しい仲間のものなどさまざまだが、まあ飲めないほうではなかったから、それそれ相応に楽しいお付き合いで、時間を割いて参加してくれた後輩諸兄には今でも感謝している。

その後は部内の上司、同輩、後輩などへの挨拶回り、また、ご指導をいただきお世話になった監督官庁をはじめ学識経験者の方々、相互直通先の顔馴染みになっていただいた電鉄の皆さま方へのご挨拶で、3月末まで息をつく暇もない毎日だった。

終章　二兎を追う者

平凡ではあったが種々の変転を経て、営団現役サラリーマンの生活は終わりを告げ、その後も、引き続き三菱電機と交通システム企画（総合商社丸紅の１００％子会社で、現・丸紅トランスポートエンジニアリング）に9年間ずつ、計18年間、勤務することになり、鉄道・軌道関係の仕事が続いた。

いずれも地下鉄をはじめ都市交通に関する内容だったが、３年目以降は、特に民間のＬＲＴ研究会に参加し、新しい世界に飛び込むことになった。国内ＰＲ活動のお手伝いが中心だが、まずは教えていただくことが先決で、内外の新しい事柄に直面する。ＬＲＴ先進地域であるヨーロッパ各国各都市の交通局や車両メーカーを訪問して得た知識や感じたことを、自社に報告することはもちろん、運輸省・建設省（国土交通省）をはじめ国内各都市の交通関係の方々にご説明したり、ご一緒に勉強することになって、大学や各研究所、総合商社、メーカーやコンサルタントなどの方々とのお付き合いが深まっていった。

この時期、以前からのお知り合いだが、特に、電気学会やもろもろの場所でお世話になった曽根悟さんと和久田康雄さんのことを思い出す。首謀者の松本陽さんが所用でご欠席なのが残念だったが、このお二人と、須田義大、古関隆章さんのご両名、三鷹の運輸省研究所の水間毅さんなどとは、日本の運輸省がヨーロッパで主催した「ＬＲＴシンポジウム」開催のため、ご一緒に出張したのだった。その一方で、出身母体である営団との関係も、今までとは異なった観点からの接触が密接になったのである。また、休暇の許可をもらって奥方と海外旅行に行く機会もでき、日本ヨハン・シュトラウス協会にも一層深入りをすることになる。海外出張や旅行の際の交通手段としてできるだけ鉄道を利用したのは当然だ。

これらの中での主な出来事を終章としてごく簡単にご紹介することとして、この拙文を締めくくらせていただきたいと思う。

受注者側からの発注者に対する技術的な観点

メーカーに行って最初に感じたのは、鉄道車両のような受注産業では、ユーザーが大小のコンセプトと設計方針をしっかりと持って、それを明確に指示してもらわないとメーカーは動けないということだった。それがはっきりしないと製作に取りかかれないから、ことは重大だ。

そしてまた、メーカーの試運転線は限られた敷地内で短いものしかないから、新開発の車両に対してはユーザーの路線に頼らざるを得ないのも、リスクはあるけれども致し方がないことだろう。ここにもユーザーとメーカーとの共同開発の意義がある。

これらは営団時代から理解して取り計らってきたことではある。運輸省の当時の担当課長さんに「米国のプエブロ実験線のようなものを造ってくださいませんか」とお願いしたのだが「無理ですねえ」というご返事だった。独シーメンスはほぼそれに匹敵し、かつ複雑な路線形状を組み込んだテスト線を造っている。残念ながらやむを得ない。

この終章を執筆している今朝、２０１４（平成26）年3月8日の朝日新聞朝刊の天声人語欄にこう記してあった。「米国の元ニクソン大統領の回想録に『……忠誠心は上に立つ側の報いるところあってはじめて生まれるものだから、上司が冷酷なら忠誠心が生じるはずがない』と言っているそうだ」。ユーザーとメーカーとの信頼関係も同様ではないだろうか。

海外での思い出や感じたこと

さる高名な政治評論家の有名な言のとおり「日本の常識は世界の非常識、世界の常識は日本の非常識」ということだった。特に「制度の相違」には驚くことが多かったのである。丸紅で聞いた「日本は変わっていますから……、と言わないと理解してもらえないんですよ。困ってしまう」との言がそれを裏書している。これらのいろいろな思い出話は、もし機会があれば、もっと砕いて詳しくお伝えしたいと思っているところだ。

２０１４（平成26）年3月15日の朝日新聞朝刊1面に、「泉田新潟県知事がG・ヤツコ米政府元原子力規制委員長と対談し、『国の制度全般を見直さないかぎり、自治体が（原発事故の）有効な避難計画を作るのは不可能だ』と明言」という記事も載っていた。

数々の営団との接触

営団やほかの地下鉄、ＪＲや民鉄さんには、直接にも、また委員会や学会などを通じて何かと関係が生じていたことは当然だが、少し変わったことだけをご紹介すると下記のようなことになる。

三菱電機に就職してしばらくした頃、後任の望月政一車両部長から「ＪＲ総研と民鉄とがタイアップして『車輪フラット対策研究会』を立ち上げるので委員長を引き受けて欲しい」旨の依頼があった。いやいやながら説き伏せられて4年間相務めた。総研の永瀬さんや熊谷さんとご一緒に進行を司ったのだが、営団の若い後輩をはじめ、他私鉄の初対面の方々との議論は刺激になり、また参考にもなったのである。

交通システム企画では保守作業にも手を伸ばしたいということになって、メトロ車両との接触が多くなった。打合せはかなりの程度まで進んだのだが、実るところまでには至らなかったのは残念だった。

また、後年、海外ユーザーとも単なる売買に加えて保守契約をしたいという希望があって、OBになりたてのその道の人材を探すことになり、当時、人的にも顔の広い車両部後輩の加藤吉泰君に推薦してもらった住田敏和君に依頼、快諾を得て、さっそくヴェネズエラ国鉄に何度も出張してもらったが、これは最高の人選だった。

さて、地下鉄博物館を運営する地下鉄互助会にも関与していた車両部後輩の苅田威彦メトロ車両社長から、同館にある定員100人のホールで開催する「文化講座」講師の依頼を受けて、土・日曜の午前と午後の1時間半ずつ4回、何年かをおいて2度にわたって『鉄道と音楽との出会い』というテーマの講演をする機会があった。1回目は小生だけだったが、2回目は音楽にも時代背景にも詳しい辻恵子さんという同じヨハン・シュトラウス協会員にお願いして交々語り、音楽を聴いていただいたのである。いずれも70%から100%の入りだった。

その後、営団同期の鍵山安衞地下鉄互助会々長から小生には非常勤理事の、また辻恵子さんには評議員就任の依頼があって、大勢の後輩たちとも語り合うことになった。小生は数年前に退任したが、辻さんには年に3回行なわれている『地下鉄博物館メトロコンサート』の1回に、コンサート・クリエーターとしての力を発揮していただいている。また、シュトラウス協会の例会をこの場所を借りて開催したこともあった。そのつど、後輩たちのお世話になる。

これらは、車両そのものの開発ではないが、新しい人生開発の一種だと思う。少年時代からのもう一つの趣味がこの年齢になって生きたのだ。現役時代は仕事が第一なのは当然だが、それのみではなく、趣味を開発しておくことも必要だろう。定年になってから始めたのでは遅いというのが実感である。なお、上記「地下鉄互助会」は後に「メトロ文化財団」となった。

日本ヨハン・シュトラウス協会の例会コンサートで司会を務める筆者（写真は1990年頃）

実は、このヨハン・シュトラウス協会でいつも出席する仲間のうちの10人ほどは、重度の鉄道マニアなのだ。「海外鉄道研究会」を主宰しておられた故・長真弓さんは、その最たる人だった。

現在は、辻恵子さんと当時の会長でやはりマニアの山本明さんのお骨折りによって、わが国指揮者界の重鎮、著名な秋山和慶さんを名誉会長にいただいている。秋山さんは事務所で「キング・オブ・鉄ちゃん」と呼ばれているほど音楽界きってのマニアで、初対面の時、「営団３００形と４０

0形は屋根の形が違いますね。模型を造るのに苦労しましたよ」と言われて恐れ入ったことがある。来る2014（平成26）年11月30日にはまた「名誉会長を囲む会」が催される予定だが、いつものように音楽よりも鉄道の話題で盛り上がるに違いない。

さて、最後になるが、2013（平成25）年には銀座線の1000系が地下鉄としては初めて鉄道友の会のブルーリボン賞に輝いた。内外のデザインと操舵台車の開発が注目されたためだろう。先行の1編成と量産車と2度、説明・見学・試乗する機会を作ってくれたが、現役の後輩たちのセンスと努力に敬意を表したい。

また、2014（平成26）年1月25日には、丸ノ内線最初の車両300形が、やはり鉄道友の会の「プレ・ブルーリボン賞」を受賞し、副会長のお一人である前・名鉄副社長の柚原誠さんから、300形の印象について原稿のご依頼を頂戴し、友の会の会報「RAILFAN」に寄稿した。当時、開発に携わられた営団の先輩方は3年ほど前までに皆さん亡くなられてしまったので、営団車両の開発・設計に携わった者の生き残り最年長になった小生にお鉢が回ってきたらしい。残念なことである。受賞がもう少し早かったらと悔やまれる。

こうして、営団卒業から今日までの人生再開発を付け加えて駆け足でご紹介した。今後も心身が保つかぎり、鉄道と音楽の二兎を追っていくつもりなのだが、どうなることだろう……。

おわりに

さて、こうして、幼年時代から営団退職までの学校生活や仕事と趣味生活、家庭生活のあらましと、加えてその後のごく一部についてご覧をいただきました。書籍のテーマとして、地下鉄の車両開発を含め、小生のような平凡な一般サラリーマンの生活のお話に、はたしてご興味をお持ちくださるのかどうか、大変不安に感じたところですが、交通新聞サービスの邑口さんはじめ、編集部員の方々のお手数を煩わして出版に至ったところです。

かなり独断的な部分や、知識不足、記憶の間違いや思い違いなども多々あったかと思いますが、お読みくださった読者の皆さまは、全体を通じて、いかがお感じになったでしょうか？　ご賛同いただけたり、反対のご意見、ご感想もおありになったことと存じますが、何らかのご参考に供し得たとすれば、それに勝る喜びはありません。出版社を介してでも、ご意見、ご感想を賜れば誠に幸いに存じます。

今後も、心身の健康の許すかぎり、鉄道と音楽の趣味に精進して参りたいと思っておりますし、何とか、鉄道・音楽・歴史の三次元的な観点からの知識も得たいという希望を持っております。今後とも、どうぞご指導とご鞭撻をよろしくお願い申し上げます。

最後になりましたが、お読みくださった皆さま、出版にあたってお世話になった方々、また、文中に記しました仕事や趣味の先輩方や、ご同輩、後輩たちに感謝申し上げると同時に、惜しまずに協力してくれた奥方にも感謝したいと思っております。

ありがとうございました。

2014年春

里田　啓

参考文献

帝都高速度交通営団「東京地下鉄道丸ノ内線建設史　上巻」（1960年）
帝都高速度交通営団「東京地下鉄道丸ノ内線建設史　下巻」（1960年）
帝都高速度交通営団「東京地下鉄道荻窪線建設史」（1967年）
帝都高速度交通営団「東京地下鉄道日比谷線建設史」（1969年）
帝都高速度交通営団「東京地下鉄道東西線建設史」（1978年）
帝都高速度交通営団「東京地下鉄道千代田線建設史」（1983年）
帝都高速度交通営団「東京地下鉄道有楽町線建設史」（1996年）
帝都高速度交通営団「東京地下鉄道半蔵門線建設史（渋谷〜水天宮前）」（1999年）
帝都高速度交通営団「東京地下鉄道半蔵門線建設史（水天宮前〜押上）」（2004年）
帝都高速度交通営団「営団地下鉄五十年史」（1991年）
東京地下鉄株式会社「帝都高速度交通営団史」（2004年）
吉村新吉「もぐらの履歴書」（2005年・文芸社）

里田　啓（さとだ けい）
1930（昭和５）年広島生まれ。早稲田大学第一理工学部機械工学科卒。営団地下鉄で台車・車体の開発・設計を担当。車両課長・設計課長を経て車両部長。以降、三菱電機、交通システム企画（丸紅）に勤務、一貫して都市交通関係の業務に携わる。鉄道誌、学会誌、鉄道関連協会機関誌などに執筆多数。1975（昭和50）年、日本ヨハン・シュトラウス協会入会。運営委員・理事を経て現在会員。目下「わが国におけるウィーン音楽の受容と変遷」連続レクチャーを担当。

交通新聞社新書066
車両を造るという仕事
元営団車両部長が語る地下鉄発達史
（定価はカバーに表示してあります）

2014年４月15日　第１刷発行

著　者――里田　啓
発行人――江頭　誠
発行所――株式会社　交通新聞社
http://www.kotsu.co.jp/
〒102-0083　東京都千代田区麹町6-6
電話　東京（03）5216-3220（編集部）
　　　東京（03）5216-3217（販売部）

印刷・製本―大日本印刷株式会社

ISBN 978-4-330-46014-7